张景中
科普文集

ZHANG

JINGZHONG

KEPU WENJI

张景中 ◎ 著

一线串通
的
初等数学

U0232608

长江出版传媒
湖北科学技术出版社

图书在版编目（CIP）数据

一线串通的初等数学 / 张景中著. —武汉：湖北科学技术出版社，2017.6

ISBN 978-7-5352-9536-1

Ⅰ．①一… Ⅱ．①张… Ⅲ．①初等数学—少年读物 Ⅳ．①O12-49

中国版本图书馆 CIP 数据核字（2017）第 172473 号

丛书策划：何 龙 谢俊波
责任编辑：王小芳　　　　　　　　　　　　封面设计：喻 杨

出版发行：湖北科学技术出版社　　　　　　电话：027-87679451
地　　址：武汉市雄楚大街 268 号　　　　　邮编：430070
　　　　　（湖北出版文化城 B 座 13-14 层）
网　　址：http://www.hbstp.com.cn

印　　刷：武汉市金港彩印有限公司　　　　邮编：430023

710×1010　1/16　　　　　　　13.25 印张　　　230 千字
2017 年 8 月第 1 版　　　　　　2017 年 8 月第 1 次印刷
　　　　　　　　　　　　　　　　　　　　　定价：48.00 元

感谢湖北科学技术出版社督促我将这 30 多年里写的科普作品回顾整理一下。我想人的天性是懒的，就像物体有惰性。要是没什么鞭策，没什么督促，很多事情就做不成。我的第一本科普书《数学传奇》，就是在中国少年儿童出版社的文赞阳先生督促下写成的。那是 1979 年暑假，他到成都，到我家里找我。他说你还没有出过书，就写一本数学科普书吧。这么说了几次，盛情难却，我就试着写了，自己一读又不满意，就撕掉重新写。那时没有电脑或打字机，是老老实实用笔在稿纸上写的。几个月下来，最后写了 6 万字。他给我删掉了 3 万，书就出来了。为什么要删？文先生说，他看不懂的就删，连自己都看不懂，怎么忍心印出来给小朋友看呢？书出来之后，他高兴地告诉我，很受欢迎，并动员我再写一本。

后来，其他的书都是被逼出来的。湖南教育出版社出版的《数学与哲学》，是我大学里高等代数老师丁石孙先生主编的套书中的一本。开策划会时我没出席，他们就留了"数学与哲学"这个题目给我。我不懂哲学，只好找几本书老老实实地学了两个月，加上自己的看法，凑出来交卷。书中对一些古老的话题如"飞矢不动""白马非马""先有鸡还是先有蛋""偶然与必然"，冒昧地提出自己的看法，引起了读者的兴趣。此书后来被 3 家出版社出版。又被选用改编为数学教育方向的《数学哲学》教材。其中许多材料还被收录于一些中学的校本教材之中。

《数学家的眼光》是被陈效师先生逼出来的。他说，您给文先生写了书，他退休了，我接替他的工作，您也得给我写。我经不住他一再劝说，就答应下来。一答应，就像是欠下一笔债似的，只好想到什么就写点什么。5 年积累下来，写

成了 6 万字的一本小册子。

这是外因，另外也有内因。自己小时候接触了科普书，感到帮助很大，印象很深。比如苏联伊林的《十万个为什么》《几点钟》《不夜天》《汽车怎样会跑路》；我国顾均正的《科学趣味》和他翻译的《乌拉·波拉故事集》，刘薰宇的《马先生谈算学》和《数学的园地》，王峻岑的《数学列车》。这些书不仅读起来有趣，读后还能够带来悠长的回味和反复的思索。还有法布尔的《蜘蛛的故事》和《化学奇谈》，很有思想，有启发，本来看上去很普通的事情，竟有那么多意想不到的奥妙在里面。看了这些书，就促使自己去学习更多的科学知识，也激发了创作的欲望。那时我就想，如果有人给我出版，我也要写这样好看的书。

法布尔写的书，以十大卷的《昆虫记》为代表，不但是科普书，也可以看成是科学专著。这样的书，小朋友看起来趣味盎然，专家看了也收获颇丰。他的科学研究和科普创作是融为一体的，令人佩服。

写数学科普，想学法布尔太难了。也许根本不可能做到像《昆虫记》那样将科研和科普融为一体。但在写的过程中，总还是禁不住想把自己想出来的东西放到书里，把科研和科普结合起来。

从一开始，写《数学传奇》时，我就努力尝试让读者分享自己体验过的思考的乐趣。书里提到的"五猴分桃"问题，在世界上流传已久。20 世纪 80 年代，诺贝尔奖获得者李政道访问中国科学技术大学，和少年班的学生们座谈时提到这个问题，少年大学生们一时都没有做出来。李政道介绍了著名数学家怀德海的一个巧妙解答，用到了高阶差分方程特解的概念。基于函数相似变换的思想，我设计了"先借后还"的情景，给出一个小学生能够懂的简单解法。这个小小的成功给了我很大的启发：写科普不仅仅是搬运和解读知识，也要深深地思考。

在《数学家的眼光》书中，提到了祖冲之的密率 355/113 有什么好处的问题。数学大师华罗庚在《数论导引》一书中用丢番图理论证明了，所有分母不超过 366 的分数中，355/113 最接近圆周率 π。另一位数学家夏道行，在他的《e 和 π》一书中用连分数理论推出，分母不超过 8000 的分数中，355/113 最接近圆周率 π。在学习了这些方法的基础上我做了进一步探索，只用初中数学中的不等式知识，不多几行的推导就能证明，分母不超过 16586 的分数中，355/113 是最接近 π 的冠军。而 52163/16604 比 355/113 在小数后第七位上略精确一点，但分母却大了上百倍！

我的老师北京大学的程庆民教授在一篇书评中，特别称赞了五猴分桃的新解法。著名数学家王元院士，则在书评中对我在密率问题的处理表示欣赏。学术前辈的鼓励，是对自己的鞭策，也是自己能够长期坚持科普创作的动力之一。

在科普创作时做过的数学题中，我认为最有趣的是生锈圆规作图问题。这个问题是美国著名几何学家佩多教授在国外刊物上提出来的，我们给圆满地解决了。先在国内作为科普文章发表，后来写成英文刊登在国外的学术期刊《几何学报》上。这是数学科普与科研相融合的不多的例子之一。佩多教授就此事发表过一篇短文，盛赞中国几何学者的工作，说这是他最愉快的数学经验之一。

1974 年我在新疆当过中学数学教师。一些教学心得成为后来科普写作的素材。文集中多处涉及面积方法解题，如《从数学教育到教育数学》《新概念几何》《几何的新方法和新体系》等，源于教学经验的启发。面积方法古今中外早已有了。我所做的，主要是提出两个基本工具（共边定理和共角定理），并发现了面积方法是具有普遍意义的几何解题方法。1992 年应周咸青邀请访美合作时，从共边定理的一则应用中提炼出消点算法，发展出几何定理机器证明的新思路。接着和周咸青、高小山合作，系统地建立了几何定理可读证明自动生成的理论和算法。杨路进一步把这个方法推广到非欧几何，并发现了一批非欧几何新定理。国际著名计算机科学家保伊尔（Robert S. Boyer）将此誉为计算机处理几何问题发展道路上的里程碑。这一工作获 1995 年中国科学院自然科学一等奖和 1997 年国家自然科学二等奖。从教学到科普又到科学研究，20 年的发展变化实在出乎自己的意料！

在《数学家的眼光》中，用一个例子说明，用有误差的计算可能获得准确的结果。基于这一想法，最近几年开辟了"零误差计算"的新的研究方向，初步有了不错的结果。例如，用这个思想建立的因式分解新算法，对于两个变元的情形，比现有方法效率有上千倍的提高。这个方向的研究还在发展之中。

1979—1985 年，我在中国科学技术大学先后为少年班和数学系学生讲微积分。在教学中对极限概念和实数理论做了较深入的思考，提出了一种比较容易理解的极限定义方法——"非 ε 语言极限定义"，还发现了类似于数学归纳法的"连续归纳法"。这些想法，连同面积方法的部分例子，构成了 1989 年出版的《从数学教育到教育数学》的主要内容。这本书是在四川教育出版社余秉本女士督促下写出来的。书中第一次提出了"教育数学"的概念，认为教育数学的任务是"为了数学教育的需要，对数学的成果进行再创造。"这一理念渐渐被更多的学者和老师们认同，导致 2004 年教育数学学会（全名是"中国高等教育学会教育数学专业委员会"）的诞生。此后每年举行一次教育数学年会，交流为教育而改进数学的心得。这本书先后由三家出版社出版，从此面积方法在国内被编入多种奥数培训读物。师范院校的教材《初等几何研究》（左铨如、季素月编著，上海科技教育出版社 1991 年出版）中详细介绍了系统面积方法的基本原理。已故的著名数学家和数学教育家，西南师大陈重穆教授在主持编写的《高效初中数学实验教材》中，把面积方法的两个基本工具"共边定理"和"共角定理"作为重要定理，教学实验效果很好。1993 年，四川都江教育学院刘宗贵老师根据此书中的想法编写的教材《非 ε 语言一元微积分学》在贵州教育出版社出版在教学实践中效果明显，后来他还发表了论文。此后，重庆师范学院陈文立先生和广州师范学院萧治经先生所编写的微积分教材，也都采用了此书中提出的"非 ε 语言极限定义"。

10 多年之后，受林群先生研究工作的启发带动，我重启了关于微积分教学改革的思考。文集中有关不用极限的微积分的内容，是 2005 年以来的心得。这方面的见解，得到著名数学教育家张奠宙先生的首肯，使我坚定了投入教学实践的信心。我曾经在高中尝试过用 5 个课时讲不用极限的微积分初步。又在南方科技大学试讲，用 16 个课时不用极限讲一元微积分，严谨论证了所有的基本定理。初步实验的效果尚可，系统的教学实践尚待开展。

也是在 2005 年后，自己对教育数学的具体努力方向有了新的认识。长期以来，几何教学是国际上数学教育关注的焦点之一，我也因此致力于研究更为简便有力的几何解题方法。后来看到大家都在删减传统的初等几何内容，促使我作战略调整的思考，把关注的重点从几何转向三角。2006 年发表了有关重建三角的两篇文章，得到张奠宙先生热情的鼓励支持。这方面的想法，就是《一线串通的初等数学》一书的主要内容。书里面提出，初中一年级就可以学习正弦，然后以三角带动几何，串联代数，用知识的纵横联系驱动学生的思考，促进其学习兴趣与数学素质的提高。初一学三角的方案可行吗？宁波教育学院崔雪芳教授先吃螃蟹，做了一节课的反复试验。她得出的结论是可行！但是，学习内容和国家教材不一致，统考能过关吗？做这样的教学实验有一定风险，需要极大的勇气，也要有行政方面的保护支持。2012 年，在广州市科协开展的"千师万苗工程"支持下，经广州海珠区教育局立项，海珠实验中学组织了两个初中班全程地实验。两个实验班有 105 名学生，入学分班平均成绩为 62 分和 64 分，测试中有三分之二的学生不会作三角形的钝角边上的高，可见数学基础属于一般水平。实验班由一位青年教师张东方负责备课讲课。她把《一线串通的初等数学》的内容分成 5 章 92 课时，整合到人教版初中数学教材之中。整合的结果节省了 60 个课时，5 个学期内不仅讲完了按课程标准 6 个学期应学的内容，还用书中的新方法从一年级下学期讲正弦和正弦定理，以后陆续讲了正弦和角公式，余弦定理这些按常规属于高中课程的内容。教师教得顺利轻松，学生学得积极愉快。其间经历了区里的 3 次期末统考，张东方老师汇报的情况如下：

从成绩看效果

期间经过三次全区期末统考。实验班学生做题如果用了教材以外的知识，必须对所用的公式给出推导过程。在全区 80 个班级中，实验班的成绩突出，比区平均分高很多。满分为 150 分，实验一班有 4 位同学获满分，其中最差的个人成绩 120 多分。

	实验 1 班平均分	实验 2 班平均分	区平均分	全区所有班级排名
七年级下期末	140	138	91	第一名和第八名
八年级上期末	136	133	87.76	第一名和第五名
八年级下期末	145	141	96.83	第一名和第三名

这样的实验效果是出乎我意料的。目前，广州市教育研究院正在总结研究经验，并组织更多的学校准备进行更大规模的教学实验。

科普作品，以"普"为贵。科普作品中的内容若能进入基础教育阶段的教材，被社会认可为青少年普遍要学的知识，就普得不能再普了。当然，一旦成为教材，科普书也就失去了自己作为科普的意义，只是作为历史记录而存在。这是作者的希望，也是多年努力的目标。

文集编辑工作即将完成之际，湖北科学技术出版社刘虹老师建议我写个总序。我从记忆中检索出一些与文集中某些内容有关的往事杂感，勉强塞责。书中不当之处，欢迎读者指正。

湖北科学技术出版社何龙社长和谢俊波主任热心鼓励我出版文集；还有华中师范大学国家数字化学习工程中心彭翕成老师（《绕来绕去的向量法》作者之一，该书中绝大多数例题和题解由他提供）为文集的出版付出了辛勤劳动，在此谨表示衷心的感谢。

2017 年 4 月

目录

准备出发

数学是一个大花园．

游览花园可以有不同的路线．

课堂上学习的教材是一种路线．本书提供了另一条新的路线．

沿着不同的路线游览，从不同的角度发现数学的力量和数学的美，会带来不同的感受．这不同的感受，会引发你更多的思考．

新路线的特点，是把几何、三角、代数渗透到一起．相互渗透的结果，是道理更清楚了，推理更简捷了，方法更犀利了．这样，你可以用同样的时间和精力把数学学得更好．当然，在考试中或竞赛中也能取得更好的成绩．

想学好数学就要多思考．数学锻炼思考，思考提高数学素质．但是思考什么？怎样思考？这正是本书要回答的问题．下面会用大量的事例，让你在做数学中学习思考，这是作者多年学习和思考的经验之谈．再过几十年，书里讲的定理公式你会忘记，但你从中学到的思考问题的方法却会伴你终生．

多想出智慧．思考能够使知识增殖，能让知识生出知识．即使是看来很简单的知识，经过一番探索思考，它也会变得更丰富、更活泼，它会和其他的知识联系起来，变得更有用、更有力．

探索思考就要有目标、有问题．为了能够发现或提出好的问题，不但要掌握基础知识和基本技能，还要有应用意识，有创新意识，有实验意识，有推理意识．

有应用意识，就是乐于用学过的数学知识解决实际问题或设想的问题，善于从实际或设想的情景中提出数学问题．

有创新意识，就要敢于对所学的数学知识问个为什么，为什么这样计算这样作图，为什么这样定义这样推理，题目的条件和结论能不能变一变，计算推理作图的方法能不能再改进，为什么先学这样后学那样，等等．

有实验意识，就是要动手计算作图测量，有条件时用计算机和计算器，没条件就在纸上写写画画，在做数学过程中学习数学，验证学过的知识，猜测未知的现象，在数学实验中发现情况，提出问题．用计算机做数学实验是启发思考节省劳动的好办法．如果你有计算机，应当装一个能作图又能计算的数学教育软件，它能节省你大量的时间和精力．最便宜、最好用、最有趣的数学教育软件是中国人开发的《超级画板》，到网站 www.zplusz.org 下载一个免费版本，就够用了．学会用超级画板画各种几何图形只要 10 分钟．如果你想精通免费的超级画板，可以买一本《超级画板自由行》，边看边做，包你在乐趣无穷中大大提高数学成绩．

有推理意识，就是要力图用推理和演算来说明问题和预测现象，要有合情推理，更要有演绎推理，尝试通过推理在作图之前预见图形的性质，不做具体计算预见某些计算的结果．力图用抽象数学模型概括多种可能的实际问题，站高一层，看远一步．

但所有这一切，不会凭空从天上掉下来，也不会从空空的头脑里生出来，你只能从已掌握的知识出发，哪怕从平凡具体的问题出发．知识学到手才能应用，创新只能温故知新、推陈出新，实验就要会算、会画、会用计算机，推理演算必须熟悉逻辑用语和基本的规矩模式、运算公式和法则．

在小学数学中，学过有关三角形的一些知识，其中两条是你到老也不能忘掉的宝贝．

第一条，三角形的内角和等于 180°.

第二条，三角形的面积等于底和高乘积的一半.

从这两条出发，你能思考探索出哪些新的知识呢？

让我们立刻尝试，让我们出发吧.

正弦和正弦定理

1. 温故知新举一反三

把知识编号或命名，会带来很大方便．世界上第一部几何教科书，古希腊欧几里得写的经典名著，就是把几何知识一条一条编了号的，每一条叫做一个"命题"．

我们从小学里学习过的两条开始．

命题 1.1（三角形内角和定理） 三角形内角和等于 $180°$.

命题 1.2（三角形面积公式） 三角形面积等于底和高的乘积的一半．

从这两条出发，通过分析思考，你能得到哪些新的知识呢？

思考的基本要领，是温故知新，举一反三．

两直线相交形成四个角．三角形顶点处只画出一个角．如果进一步考虑另外三个角，就叫做举一反三．

关于三角形内角和定理的思考

如图 1-1，把 $\triangle ABC$ 的 BC 边延长至 D，则 $\angle ACD = 180° - \angle ACB$，但根据

三角形内角和定理，又有 $180°-\angle ACB=\angle A+\angle B$，故 $\angle ACD=\angle A+\angle B$.

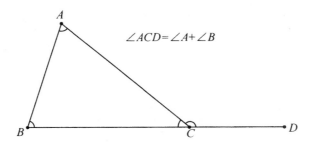

图 1-1

今后把三角形一边的延长线和相邻边所成的角，例如图 1-1 中的 $\angle ACD$，叫做三角形的外角，而三角形另外两个内角叫做这个外角的内对角．这样，我们从命题 1.1 得到的新知识 $\angle ACD=\angle A+\angle B$ 便可以陈述为

命题 1.3　三角形的外角等于两内对角之和．

顺便知道，三角形的外角大于内对角．

刚才增加一个角考虑，得到一点新知识．减少一个角呢？

三个内角和为 $180°$，两个内角的和自然小于 $180°$．

把三角形的三条边都延长，成了图 1-2 的样子．

图 1-2 中，被直线 AB 所截的两条直线，在 AB 右侧相交，则 $\angle 4+\angle 5<180°$，$\angle 3+\angle 6>180°$；如果在 AB 的左侧相交，则 $\angle 3+\angle 6<180°$，$\angle 4+\angle 5>180°$．

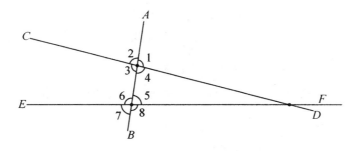

图 1-2

总之，若两直线相交，必有 $\angle 4+\angle 5\neq180°$，$\angle 3+\angle 6\neq180°$．

于是得知，过直线外一点至多只能作直线的一条垂线．

反之，如果∠4＋∠5＝180°（则∠3＋∠6＝180°），两条直线就不会相交了（图 1-3）．

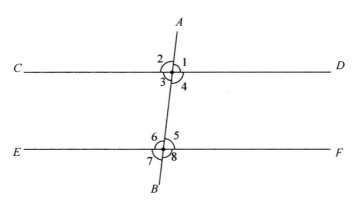

图 1-3

这样反向思维，是发现问题的常用方法，更是数学推理的重要路数．

图 1-2 中所标识出来的八个角中，∠4 和∠5，∠3 和∠6 都叫做同旁内角；∠3 和∠5，∠4 和∠6 叫做内错角；∠1 和∠5，∠2 和∠6，∠3 和∠7，∠4 和∠8 叫做同位角．

这样给特定的对象命名，不仅方便陈述，而且有利于思考．

容易看出，这八个角中，只要有一对同旁内角互补，则另一对同旁内角也互补，两对内错角相等，四对同位角相等；只要有一对同位角相等或内错角相等，则两对同旁内角互补，两对内错角相等，四对同位角相等．

不相交的两条直线叫做平行线，直线 CD 和 EF 平行，记做 CD∥EF. 所以从∠4＋∠5＝180°推出两条直线不相交也就可以陈述为

命题 1.4（平行线判定法）　两直线被第三条直线所截，若有一对同旁内角互补，或一对同位角相等，或一对内错角相等，则两直线平行．

这个判定方法同时也提供了平行线的作图方法．

更详细的考察，还能得到

命题 1.5（平行线的性质）　两平行直线被第三条直线所截，则同旁内角互

补，同位角相等，内错角相等．

从上面两个命题可以看到

命题 1.6 过一条直线外一点，有一条且仅有一条直线和该直线平行．

如果 a，b，c 这三条直线中，有 $a/\!/b$ 和 $b/\!/c$，则 a 和 c 不可能相交，否则通过交点就有两条直线平行于 b 了，因此必有 $a/\!/c$，这叫做平行关系的传递性．

直线长度无限．两条直线是否相交可能涉及图形在很远很远处的情形．我们无需借助望远镜，可以就近根据眼前的图形来判定，这显示出数学思维的力量．

眼前的三角形和走向无穷的平行线，它们之间的联系是相互的．如果肯定了命题 1.5（平行线的性质），也能得到三角形内角和为 $180°$ 的结论．这只要在图 1-1 上添加一条和 AB 平行的射线 CE 就能看出来．如图 1-4，由 $AB/\!/CE$，可得 $\angle A = \angle 2$（内错角）和 $\angle B = \angle 1$（同位角），于是

$$\angle A + \angle B + \angle ACB = \angle 2 + \angle 1 + \angle ACB = 180°.$$

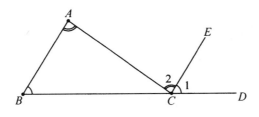

图 1-4

【例 1.1】 如图 1-5，试计算 $\angle A + \angle B + \angle C + \angle D + \angle E = ?$

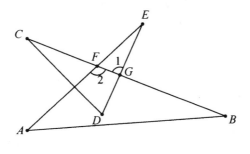

图 1-5

解 应用三角形的外角等于两内对角之和，得 $\angle C + \angle D = \angle 1$，$\angle 1 + \angle E =$

$\angle 2$，便得 $\angle A+\angle B+\angle C+\angle D+\angle E=\angle A+\angle B+\angle 1+\angle E=\angle A+\angle B+\angle 2=180°$.

【例 1.2】 如图 1-6，已知 $AB/\!/CD$，$\angle 1=29°$，$\angle 2=51°$，求 $\angle F=$？

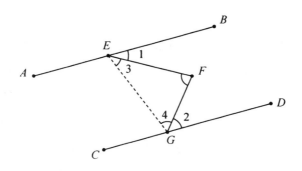

图 1-6

解 根据平行线同旁内角互补可得 $\angle 1+\angle 2+\angle 3+\angle 4=180°$，再用三角形内角和定理得 $\angle F=180°-(\angle 3+\angle 4)=\angle 1+\angle 2=29°+51°=80°$.

上面两个例子表明，有时不用测量，靠思考就能得到某些几何量的数据.

通过思考，一条知识生出了好几条知识.

关于三角形面积公式的思考

图 1-7（a）是三角形面积公式的说明. 底边延长如图 1-7（b），多出了 $\triangle PBM$. 这又是举一反三，用的还是在角的顶点处延长线段的手段.

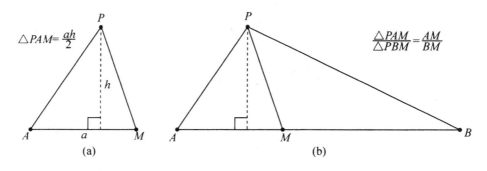

图 1-7

$\triangle PBM$ 和原来的 $\triangle PAM$ 有共同的高，所以它们面积的比等于底的比.

这个事实可以陈述为

命题 1.7（共高定理） 若 M 在直线 AB 上，P 为直线 AB 外一点，则有

$$\frac{\triangle PAM}{\triangle PBM}=\frac{AM}{BM}. \tag{1-1}$$

可以想象，有些问题中也许只要知道两个三角形面积的比，而并不需要具体计算出面积来，这时共高定理提供的信息就比面积公式有用了.

这里和以后，记号 $\triangle XYZ$ 既用来表示三角形 XYZ，在不会有歧义时也表示三角形 XYZ 的面积. 这正如 XY 有时表示线段 XY，有时表示线段 XY 的长度一样.

从共高定理推陈出新提出问题：如果两个三角形没有共同的高，能求面积比吗？

这样想问题，叫做求异思维.

若在图 1-7（b）中将 PM 延长到 Q，如图 1-8，出现了更多的三角形，其中 $\triangle APQ$ 和 $\triangle BPQ$ 并不共高，但两者之间却有一条共高三角形的关系链：$\triangle APQ-\triangle APM-\triangle BPM-\triangle BPQ$，接连三次用共高定理，有

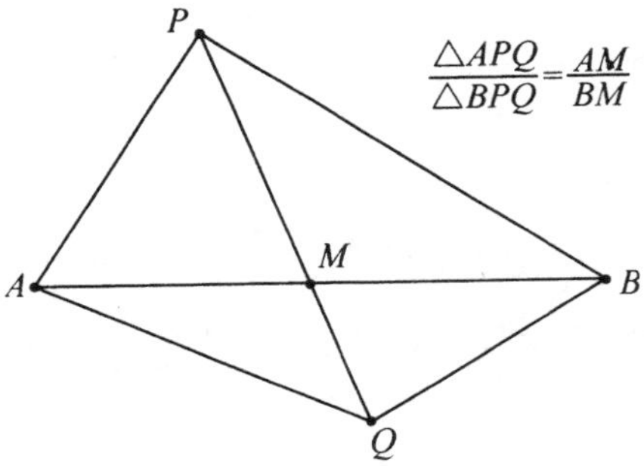

$$\frac{\triangle APQ}{\triangle BPQ}=\frac{AM}{BM}$$

图 1-8

$$\frac{\triangle APQ}{\triangle BPQ}=\frac{\triangle APQ}{\triangle APM}\cdot\frac{\triangle APM}{\triangle BPM}\cdot\frac{\triangle BPM}{\triangle BPQ}$$

$$=\frac{PQ}{PM}\cdot\frac{AM}{BM}\cdot\frac{PM}{PQ}=\frac{AM}{BM}. \tag{1-2}$$

注意在（1-2）式推导的过程中只用到 M 在直线 AB 上和 M 在直线 PQ 上这两条信息，所以可以总结为

命题 1.8（共边定理） 若两直线 AB 和 PQ 交于 M，则有

$$\frac{\triangle APQ}{\triangle BPQ}=\frac{AM}{BM}. \tag{1-3}$$

为何叫做共边定理？因为△APQ和△BPQ有公共边PQ.

共边定理可以更简捷地推出：延长MP至N，使得$MN=PQ$，立刻看出

$$\frac{\triangle APQ}{\triangle BPQ}=\frac{\triangle AMN}{\triangle BMN}=\frac{AM}{BM}.$$

图 1-8 仅仅是共边定理的四种情形之一. 全部四种情形见图 1-9. 图中情形（d）在应用中很容易被忽略.

想一想，还有没有别的情形呢？如果没有，为什么？如果有，能画出来吗？

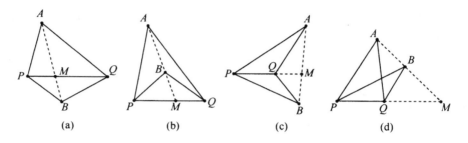

(a)　　　　　(b)　　　　　(c)　　　　　(d)

图 1-9

从图 1-9 的（b）和（d）看到，若 A 和 B 在直线 PQ 同侧且直线 PQ 和 AB 相交于 M，则两线段 $AM\neq BM$. 由于共边定理

$$\frac{\triangle APQ}{\triangle BPQ}=\frac{AM}{BM},$$

所以△$APQ\neq$△BPQ. 从反面想，如果△$APQ=$△BPQ，则直线 PQ 和 AB 不可能相交. 这可以陈述为

命题 1.9（平行线面积判定法）　若 A 和 B 在直线 PQ 同侧且△$APQ=$△BPQ，则 $AB /\!/ PQ$.

有点意思吧！小学里的两条知识都和平行线挂上了钩！

从共边定理推陈出新提出问题：两个三角形没有公共边，能求其面积比吗？

这又是求异思维！

下面看看两个三角形有相等角或互补角的情形. 如图 1-10，△ABC 和 △XYZ 有相等的角：$\angle ABC=\angle XYZ$，△ABC 和△XYZ' 有互补的角：$\angle ABC+\angle XYZ'=180°$，两次应用共高定理可以得到：

$$\frac{\triangle ABC}{\triangle XYZ} = \frac{\triangle ABC}{\triangle XBZ} \cdot \frac{\triangle XBC}{\triangle XYZ} = \frac{AB}{XY} \cdot \frac{BC}{YZ},$$

$$\frac{\triangle ABC}{\triangle XYZ'} = \frac{\triangle ABC}{\triangle XBC} \cdot \frac{\triangle XBC}{\triangle XYZ'} = \frac{AB}{XY} \cdot \frac{BC}{YZ'}.$$

$$\frac{\triangle ABC}{\triangle XYZ} = \frac{AB \cdot BC}{XY \cdot YZ}$$

$$\frac{\triangle ABC}{\triangle XYZ'} = \frac{AB \cdot BC}{XY \cdot YZ'}$$

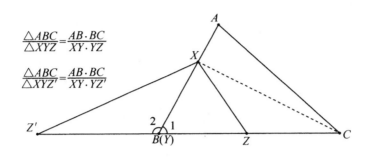

图 1-10

于是总结出

命题 1.10（共角定理） 若 $\angle ABC = \angle XYZ$ 或 $\angle ABC + \angle XYZ = 180°$，则有

$$\frac{\triangle ABC}{\triangle XYZ} = \frac{AB \cdot BC}{XY \cdot YZ}. \tag{1-4}$$

【例 1.3】 如图 1-11，$AB /\!/ PQ$，$AB = u$，$PQ = v$，四边形 $ABQP$ 面积为 s. 求 $\triangle APQ$ 和 $\triangle BPQ$ 的面积.

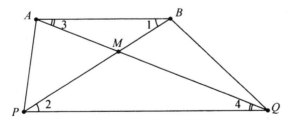

图 1-11

解 因为 $AB /\!/ PQ$，根据两直线平行内错角相等，得 $\angle ABP = \angle QPB$，由共角定理得

$$\frac{\triangle ABP}{\triangle BPQ} = \frac{AB \cdot BP}{BP \cdot PQ} = \frac{AB}{PQ} = \frac{u}{v}. \tag{1-5}$$

设 $\triangle BPQ = x$，则 $\triangle ABP = s - x$，则从（1-5）式得到

$$\frac{s-x}{x} = \frac{u}{v}.\tag{1-6}$$

解出

$$\triangle BPQ = x = \frac{vs}{u+v},$$

同样过程得到

$$\triangle APQ = \frac{vs}{u+v}.$$

从此例可得

命题 1.11（平行线的面积性质）　若 $AB /\!/ PQ$，则 $\triangle APQ = \triangle BPQ$.

如果在图 1-11 中仅仅要求推导出 $\triangle APQ = \triangle BPQ$ 而不具体计算面积，则只要推出 $\triangle AMP = \triangle BMQ$. 由 $\angle 1 = \angle 2$，$\angle 3 = \angle 4$，对 $\triangle ABM$ 和 $\triangle QPM$ 用共角定理得

$$\frac{MB \cdot BA}{MP \cdot PQ} = \frac{\triangle ABM}{\triangle QPM} = \frac{MA \cdot BA}{MQ \cdot PQ}.\tag{1-7}$$

化简后得到

$$\frac{MB}{MP} = \frac{MA}{MQ}.\tag{1-8}$$

再由 $\angle AMP = \angle BMQ$，对 $\triangle AMP = \triangle BMQ$ 用共角定理，用（1-8）式代入得到

$$\frac{\triangle AMP}{\triangle BMQ} = \frac{MA \cdot MP}{MQ \cdot MB} = \frac{MB}{MP} \cdot \frac{MP}{MB} = 1,\tag{1-9}$$

这表明 $\triangle AMP = \triangle BMQ$，从而 $\triangle APQ = \triangle BPQ$.

【例 1.4】　如图 1-12，$AB /\!/ PQ$，直线 PA 和 QB 交于 R，PB 和 QA 交于 S，RS 和 PQ 交于 M. 若已知 $PQ = 10$，求 $PM = ?$

解　用超级画板作图测量发现 $PM = MQ$，试作推导. 应用共边定理以及由 $AB /\!/ PQ$ 得到的 $\triangle PAB = \triangle QAB$，可得

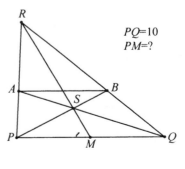

$PQ=10$
$PM=?$

图 1-12

$$\frac{PM}{MQ}=\frac{\triangle PRS}{\triangle QRS}=\frac{\triangle PRS}{\triangle PSQ}\cdot\frac{\triangle PSQ}{\triangle QRS}=\frac{RB}{BQ}\cdot\frac{PA}{AR}=\frac{\triangle RAB}{\triangle QAB}\cdot\frac{\triangle PAB}{\triangle RAB}=1,$$

所以

$$PM=MQ=\frac{PQ}{2}=5.$$

别以为这个题目简单，它曾是一道数学竞赛问题呢．

本节就要结束了．回顾一下，我们从熟知的两条知识获得了多少新鲜知识啊！从下面的习题你会看到，稍微用一下这些新知识，就能解决看起来颇难下手的问题．思考和不思考真是大不一样．再看看想想，我们是如何发现问题引发思考的呢？仅仅把线段延长一下，就引出了多少问题啊！还有，从反面着想也引出了问题．改变命题中的条件，也引出了问题．会提出问题，就能引发思考，就能发现事物间的联系，就可能获得新知识．

习题 1.1 如图 1-13，求五星形的 5 个角的度数之和．

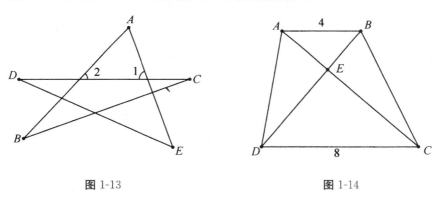

图 1-13　　　　　　　　　　图 1-14

习题 1.2 如图 1-14，已知 $AB/\!/DC$，$AB=4$，$CD=8$，梯形 $ABCD$ 面积为 36．求 $\triangle ABE$，$\triangle BCE$，$\triangle CDE$，$\triangle DAE$ 的面积．

习题 1.3（三角形中等角对等边）　已知 $\triangle ABC$ 中 $\angle B=\angle C$．试用共角定理推出 $AB=AC$．

习题 1.4（三角形分角线性质）　点 P 在 $\triangle ABC$ 的 BC 边上，使得 $\angle BAP=\angle CAP$．

试用共高定理和共角定理推出

$$\frac{PB}{PC}=\frac{AB}{AC}.\qquad\qquad(1\text{-}10)$$

习题 1.5 点 P 在 $\triangle ABC$ 的 BC 边上，使得 $BP=2PC$；点 Q 在 $\triangle ABC$ 的 AC 边上，使得 $CQ=3QA$；线段 AP 和 BQ 相交于 R，试用共高定理和共边定理计算比值 PR/RA. 如有条件，用超级画板作图并测量来验证你的计算结果.

习题 1.6 点 P 在 $\triangle ABC$ 内，AP 延长后交 BC 于 D，BP 延长后交 AC 于 E，CP 延长后交 AB 于 F. 试用共边定理推出下面两个等式：

（ⅰ）$\dfrac{PD}{AD}+\dfrac{PE}{BE}+\dfrac{PF}{CF}=1$；（ⅱ）$\dfrac{AF}{FB}\cdot\dfrac{BD}{DC}\cdot\dfrac{CE}{EA}=1.$

2. 面积计算引出正弦

三角形面积是一个常说常新的话题. 我们将一再回到这个话题.

还是温故知新：三角形面积等于底和高乘积的一半.

再用求异思维提问题：如果不知道高，还能计算三角形的面积吗？

例如，一块三角形的水稻田，测量三角形的高不方便，只能在田埂上走来走去，怎样测量计算这块田的面积？

下面是一个有启发性的例子：

【例 2.1】 如图 2-1，大三角形 ABC 的两边 $AB=5$，$AC=7$；点 D 在 AB 边上，点 E 在 AC 边上，$AD=AE=1$. 若已经知道小 $\triangle ADE$ 的面积为 s，如何计算大 $\triangle ABC$ 的面积？

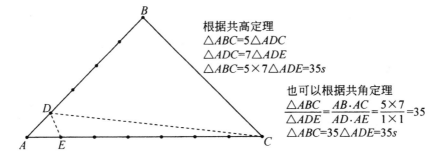

根据共高定理
$\triangle ABC=5\triangle ADC$
$\triangle ADC=7\triangle ADE$
$\triangle ABC=5\times7\triangle ADE=35s$

也可以根据共角定理
$\dfrac{\triangle ABC}{\triangle ADE}=\dfrac{AB\cdot AC}{AD\cdot AE}=\dfrac{5\times7}{1\times1}=35$
$\triangle ABC=35\triangle ADE=35s$

图 2-1

从图 2-1 的说明中，我们不但看到了例题的解答，还找到了计算三角形面积的新思路．按这个思路，只要知道了 △ADE 的面积 s，就可以根据两边 AB 和 AC 的长度，求出 △ABC 的面积．

△ABC 是任意三角形，△ADE 是一类特殊三角形．把一般问题化归为特殊问题，是数学中常用的化繁为简的思想．

△ADE 有什么特点？

第一，它的两条边 AD＝AE. 一般说，有两条边相等的三角形叫做等腰三角形，相等的这两条边叫做等腰三角形的腰，两腰的夹角叫做等腰三角形的顶角，顶角的对边叫做等腰三角形的底，底和腰的夹角叫做底角．因此，△ADE 是以 ∠A 为顶角的等腰三角形．

第二，AD＝AE＝1，所以△ADE 是腰长为单位长度的等腰三角形．我们把这样的三角形叫做单位等腰三角形．

如果单位等腰三角形 ADE 的顶角 A 是直角，它的面积显然等于 1/2.

如果顶角不是直角呢？如图 2-2，这面积就要打折扣．

打多少折扣呢？这折扣和单位等腰三角形的顶角 A 的大小有关．

所谓折扣，就是顶角为 A 的单位等腰三角形的面积和顶角为直角的单位等腰三角形的面积的比．

为方便表达，引进下面的定义：

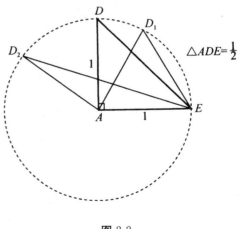

图 2-2

定义 2.1 顶角为 A 的单位等腰三角形的面积和顶角为直角的单位等腰三角形的面积的比（它等于顶角为 A 的单位等腰三角形的面积的 2 倍），叫做角 A 的正弦，记做 sin (A)，或省略括弧记做 sin A．

至于为什么叫正弦，为什么用 sin 这个记号，有它历史的原因，以后另作交代．

这样一来，就可以说图 2-1 中的小 $\triangle ADE$ 的面积为

$$s=\frac{1}{2}\sin A. \tag{2-1}$$

于是，例 2.1 中所求大 $\triangle ABC$ 的面积就是

$$\triangle ABC=35\triangle ADE=\frac{35}{2}\sin A. \tag{2-2}$$

把例 2.1 一般化，就得到

命题 2.1（已知两边一夹角的三角形面积公式）　设任意 $\triangle ABC$ 的三边为 $a=BC$，$b=AC$，$c=AB$，则有

$$\triangle ABC=\frac{bc\sin A}{2}=\frac{ac\sin B}{2}=\frac{ab\sin C}{2}. \tag{2-3}$$

但是，公式里面的 $\sin A$ 究竟是多少呢？

根据定义，我们能够知道一些有关 $\sin$ 记号的信息，例如：

顶角为 $90°$ 的单位等腰三角形面积为 $1/2$，所以

$$\sin90°=2\times\frac{1}{2}=1. \tag{2-4}$$

顶角为 $0°$ 或 $180°$ 的单位等腰三角形退化为线段，面积为 0，所以

$$\sin0°=\sin180°=0. \tag{2-5}$$

如图 2-3，顶角互补的两个单位等腰三角形面积相等，所以

$$\sin\left(180°-A\right)=\sin A. \tag{2-6}$$

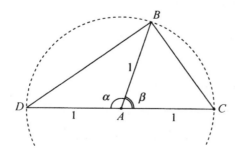

图 2-3

总结（2-4）～（2-6）式，得到

命题 2.2（正弦的基本性质）

（ⅰ）平角和 0°角正弦为 0：$\sin 0°=\sin 180°=0$；

（ⅱ）直角正弦为 1：$\sin 90°=1$；

（ⅲ）互补角正弦相等：$\sin(180°-A)=\sin A$.

为了计算面积，我们无中生有，给一个不熟悉的东西起个名字，约定一个记号 $\sin$，于是就能研究这个记号的性质了，这叫做建构性思维.

进一步问，对于其他的角度，例如 60°，或者 77°，对应的正弦值是多大呢？

这些值可以用计算器或计算机算出来. 在过去没有计算器和计算机的年代，可以从专门编制的正弦表中查出来. 图 2-4 是从 0°到 99°的正弦表，表中是这些角度的正弦的近似值.

要查 45°的正弦值，可以在首行找到 40°，在首列找到 5°；5°所在的行和 40°所在列交叉处查到 0.707 1，就得到 $\sin 45°≈0.7071$.

正弦表

	0°	10°	20°	30°	40°	50°	60°	70°	80°	90°
0°	0.0000	0.1736	0.3420	0.5000	0.6427	0.7660	0.8660	0.9396	0.9848	1.0000
1°	0.0175	0.1908	0.3583	0.5150	0.6560	0.7771	0.8746	0.9455	0.9876	0.9998
2°	0.0348	0.2079	0.3746	0.5299	0.6691	0.7880	0.8829	0.9510	0.9902	0.9993
3°	0.0523	0.2249	0.3907	0.5446	0.6819	0.7986	0.8910	0.9563	0.9925	0.9986
4°	0.0697	0.2419	0.4067	0.5591	0.6946	0.8090	0.8987	0.9612	0.9945	0.9975
5°	0.0871	0.2588	0.4226	0.5735	0.7071	0.8191	0.9063	0.9659	0.9961	0.9961
6°	0.1045	0.2756	0.4383	0.5877	0.7193	0.8290	0.9135	0.9702	0.9975	0.9945
7°	0.1218	0.2923	0.4539	0.6018	0.7313	0.8386	0.9205	0.9743	0.9986	0.9925
8°	0.1391	0.3090	0.4694	0.6156	0.7431	0.8480	0.9271	0.9781	0.9993	0.9902
9°	0.1564	0.3255	0.4848	0.6293	0.7547	0.8571	0.9335	0.9816	0.9998	0.9876

图 2-4

要查 120°的正弦值，可利用互补角正弦相等，用 120°的补角 60°来代替 120°，得到 $\sin 120°=\sin 60°≈0.8660$.

【**例 2.2**】 △MNP 的两边 $MN=23$ m，$NP=15$m，$\angle MNP=110°$，求其

面积.

解   直接用三角形面积公式（2-3）得到

$$\triangle MNP = \frac{23 \times 15 \times \sin 110°}{2} \approx \frac{23 \times 15 \times 0.9396}{2} \approx 162.1 \ (\text{m}^2).$$

【例 2.3】   四边形 $ABCD$ 的面积为 S，对角线 AC 和 BD 交于 P，$\angle APD = \alpha$，则

$$S = \frac{AC \cdot BD \cdot \sin \alpha}{2}. \tag{2-7}$$

这只要将四边形 $ABCD$ 分成 $\triangle APB$、$\triangle BPC$、$\triangle CPD$ 和 $\triangle DPA$ 四块，分别计算其面积再相加就看出来了.

现在，我们有了一个求三角形面积的新公式，知道了三角形的两条边和所夹的角，就能计算其面积.

新公式的好处是把长度、角度和面积三种几何量联系起来了. 这个公式不仅能够计算面积，还能够用来研究图形的性质. 为了计算面积，引进一个新名词"正弦"和记号"sin". 在继续学习数学的过程中，你会认识到它是一个非常重要的角色.

现在我们对这个新记号知之甚少. 对于不了解或了解不多的东西，先起个名字再说，这是思考数学问题的高级策略，是准备打持久战的策略. 有了名字就能写出公式，就能方便地讨论. 新认识的朋友要交换名片，互相知道了名字就好联系，就便于进一步的合作交往了.

【补充资料 1】

按定义 2.1，$\sin A$ 是顶角为 A 的单位等腰三角形的面积的 2 倍.

两个一样的单位等腰三角形可以拼成一个边长为 1 的菱形，所以也可以用单位菱形面积直接定义正弦.

矩形用单位正方形去度量，结果得出长乘宽的面积公式. 那么平行四边形的面积怎样求？自然是用单位菱形，同样可以得出平行四边形的面积是"两边长的乘积，再乘上单位菱形面积的因子"，原理完全相同. 类比矩形面积公式，把平行四边形分成若干边长为 1 的菱形来计算其面积，如图 2-5.

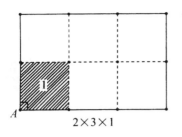 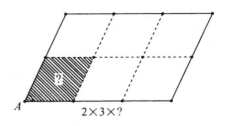

$2 \times 3 \times 1$　　　　　$2 \times 3 \times ?$

图 2-5

由此引进定义，把边长为 1，有一个角为 A 的菱形面积记做 $\sin A$.

于是，容易得到平行四边形的面积公式

$$\square ABCD = AB \cdot AD \cdot \sin A.$$

取它的一半，得到三角形面积公式

$$\triangle ABC = \frac{bc\sin A}{2} = \frac{ac\sin B}{2} = \frac{ab\sin C}{2}.$$

和传统的用直角三角形的两边比定义正弦比较，这样引进正弦至少有三个好处：不依赖相似的知识和比的概念，难度降低了；锐角、直角和钝角的正弦都有定义，范围拓宽了；不必像传统定义中用逼近的办法来解释直角的正弦，表达更严谨了.

一个明显的事实是，单位正方形压扁了成为单位菱形，两者的区别在于角 A. A 是直角，面积为 1，A 不是直角，面积就要打折扣，这个折扣和 A 有关，记做 $\sin A$. 这样，$\sin A$ 有一个意思：折扣.

严格说来，用单位菱形面积定义正弦，几何上还应当有些准备，才能严谨. 如果用单位菱形的一半，即单位等腰三角形面积的两倍来定义正弦，就更加严谨，所需的几何准备更少. 但用单位菱形面积定义正弦更直观，和已有的知识有更多的关联，更容易理解和记忆.

习题 2.1　　$\triangle PQR$ 中，$PQ = 25$，$QR = 8$，$\angle PQR = 80°$，求 $\triangle PQR$ 的面积.

习题 2.2　　已知 $\triangle ABC$ 的面积为 33 m^2，$B = 150°$，$c = 9$ m，求 a 边的长度.

习题 2.3　　已知 $\triangle MNK$ 中 $MN = c$，$MK = 20$，MN 边上的高 $h = 12$；设 $\angle KMN$ 是钝角，试估计 $\angle KMN$ 的度数. 有条件时用超级画板作图测量，验证

你的答案．

习题 2.4 边和边不相交的多边形叫做简单多边形．已知简单四边形 $ABCD$ 的对角线．$AC=5$，$BD=8$，直线 AC 和 BD 所成的角 $\theta=30°$，求四边形 $ABCD$ 的面积．

3．活用公式算边求角

举一反三常能推陈出新．

举一反三可以在图形上做文章，也可以在公式上做文章．

数学中的公式常常有多种用途．知道了矩形的面积和矩形的长，就可以利用矩形面积公式来计算矩形的宽．每当我们知道一个公式，不妨多想一想，能不能对这个公式做进一步的开发，让它帮我们解决更多的问题．

图形的性质常常可以用一些几何量之间的关系来描述．平面上最基本的几何量就是长度、角度和面积．三角形面积公式（2-3）把这三种几何量联系起来，它不仅能够用来计算面积，还能帮我们计算其他的几何量，成为探究图形性质的有用工具．

如图 3-1，C 为直角，则 $\sin C=1$. 代入三角形面积公式（2-3），得到等式

$$\frac{bc\sin A}{2}=\frac{ac\sin B}{2}=\frac{ab}{2}. \qquad (3\text{-}1)$$

$$\frac{bc\sin A}{2}=\frac{ab}{2}$$

$$\Rightarrow c\sin A=a$$

$$\Rightarrow \sin A=\frac{a}{c}$$

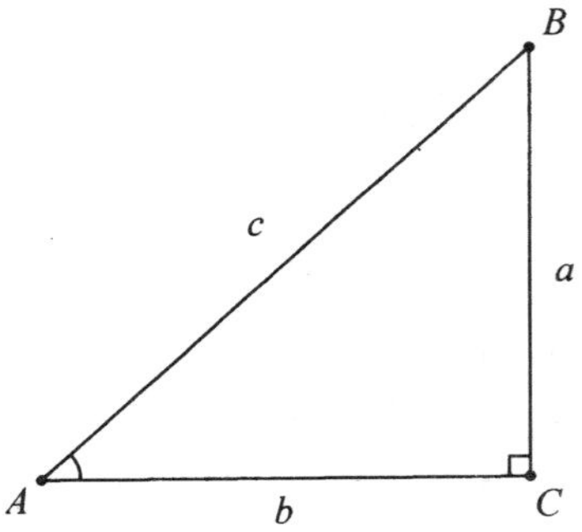

图 3-1

将等式（3-1）两端同乘 2，同除以 bc，得到等式

$$\sin A=\frac{a}{c}. \qquad (3\text{-}2)$$

同理有

$$\sin B = \frac{b}{c}. \tag{3-3}$$

称直角三角形中直角的对边为斜边，则这两个等式可以表达为

命题 3.1（直角三角形中锐角正弦和边的关系）　在任意直角三角形中，锐角的正弦等于该角的对边和斜边的比．

【补充资料 2】

事实上，命题 3.1 或等式（3-2）和（3-3）就是传统的正弦定义，也就是现在教科书上的定义．对比一下就知道，用面积折扣定义正弦的好处：

第一，用到的预备知识少，更简单了．而用等式（3-2）和（3-3）定义一个角的正弦，前提是该角的对边和斜边的比仅仅依赖于角的大小，和三角形大小无关．这就要在证明了相似三角形的基本定理之后才能建立正弦的定义．

第二，直角正弦就是正方形面积，更严谨了．用等式（3-2）和（3-3）定义一个角的正弦，当该角为直角时，要结合极限概念和直观类比才好说明直角的正弦为 1．缺乏严谨性．

第三，从 0°到 180°的角的正弦都有定义，更广泛了．而用等式（3-2）和（3-3）只能定义锐角的正弦．

利用这个命题，可以计算直角三角形中某些未知的边或角．

【例 3.1】　如图 3-2，跳板 AB 长 5 m，B 端比 A 端高 1 m，试估计跳板和水平面所成的角度 β．

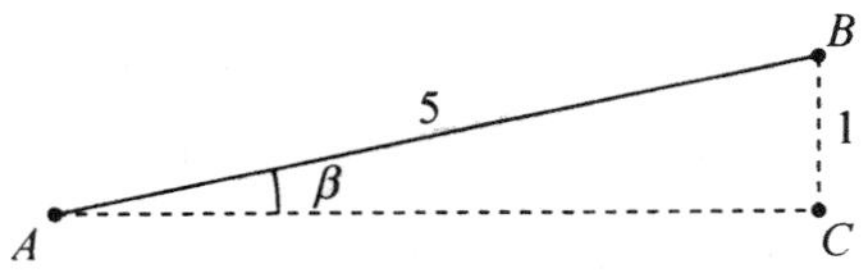

解　如图 3-2，根据直角三角形中锐角正弦和边的关系有

图 3-2

$$\sin \beta = \frac{BC}{AB} = \frac{1}{5} = 0.2.$$

由正弦表估计或计算器查算得知 $A \approx 11.5°$，即跳板和水平面成的角度 β 约等于 $11.5°$．

【例 3.2】 如图 3-3，为了测量 A 处到河流对岸一建筑物 B 的距离，在此岸边另选一点 P，使得 $PA \perp AB$，$PA = 100$ m. 测得 $\angle P = 62°$，试计算 A 到 B 的距离．

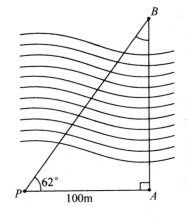

图 3-3

解 可以分三步来做：

（1）由内角和定理和 $\angle P = 62°$ 得 $\angle B = 180° - 90° - \angle P = 90° - 62° = 28°$；

（2）又由 $\sin B = PA/PB$，可得

$$PB = \frac{PA}{\sin B};$$

（3）由 $\sin P = AB/PB$ 得

$$AB = PB \sin P = \frac{PA \sin P}{\sin B} = \frac{100 \times \sin 62°}{\sin 28°} = \frac{100 \times 0.8829}{0.4694} \approx 188 \text{（m）},$$

即 A 处到河流对岸建筑物 B 的距离约为 188m.

知道了三角形的一些边和角，要求计算其余的边和角，这样的问题叫做解三角形问题．分析上面两个例子，可以整理出一些规律：

（1）已知直角三角形的一条斜边 c 和一条直角边 a，可以用公式 $\sin A = a/c$ 计算 $\sin A$，再查出角 A；由内角和定理计算出 $B = 90° - A$，最后就可以用公式 $\sin B = b/c$ 求出另一条直角边 b；

（2）已知直角三角形的一条边和一个锐角，可用内角和定理求出另一个锐角，再用公式 $\sin A = a/c$ 和 $\sin B = b/c$ 计算另外两条边．

想一想，还有什么情形是上面没有讨论到的？

这一节的内容不多，但意义不小．

习题 3.1 已知 $\triangle ABC$ 中 $AB = 14$，BC 边上的高等于 7，又知道 $\angle B$ 不是锐角，问 $\angle B$ 是多少度？

习题 3.2 下面是解直角三角形问题的几种已知类型的计算流程，请按第一种类型的计算流程格式填写其余类型计算流程中的空白．

（1）已知斜边 c 和直角边 a：$\sin A = a/c$；$\sin A \Rightarrow A$；$B = 90° - A$；$b =$

$c \sin B.$

（2）已知斜边 c 和直角边 b：$\sin B=$（　　）；（　　）$\Rightarrow B$；$A=$（　　）；a $=$（　　）.

（3）已知斜边 c 和角 A：$B=90°-A$；$a=$（　　）；$b=$（　　）.

（4）已知直角边 a 和角 A：$B=$（　　）；$c=$（　　）；$b=$（　　）.

（5）已知直角边 a 和角 B：$A=$（　　）；$c=$（　　）；$b=$（　　）.

习题 3.3　如图 3-4，距离旗杆 30 m 处，在 1 m 高的支架上测得杆顶的仰角为 19°，求旗杆的高.

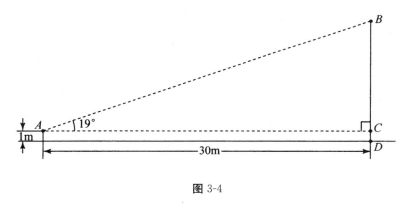

图 3-4

4．正弦定理初试锋芒

利用正弦得到的面积公式，不但可以帮我们解直角三角形，还能帮助我们解任意三角形.

为用起来方便，将面积公式（2-3）

$$\triangle ABC=\frac{bc \sin A}{2}=\frac{ac \sin B}{2}=\frac{ab \sin C}{2}$$

变形成为更容易记忆的形式：各项同乘 2，同除以 abc，得到

命题 4.1（正弦定理）　在任意 $\triangle ABC$ 中，有

$$\frac{2\triangle ABC}{abc}=\frac{\sin A}{a}=\frac{\sin B}{b}=\frac{\sin C}{c}. \tag{4-1}$$

正弦定理提供了解任意三角形的工具.

【**例 4.1**】 如图 4-1,为测量 A 处到河流对岸一建筑物 B 的距离,在此岸边另选一点 P,使得 $PA=200$ m. 测得 $\angle P=62°$,$\angle A=43°$,试计算 A 到 B 的距离.

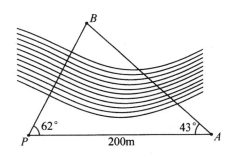

图 4-1

解 由内角和定理和条件得 $\angle B=180°-\angle A-\angle P=180°-62°-43°=75°$;

对 $\triangle ABP$ 应用正弦定理得

$$\frac{\sin\angle B}{AP}=\frac{\sin\angle P}{AB},\tag{4-2}$$

$$AB=\frac{AP\sin\angle P}{\sin\angle B}=\frac{200\times\sin 62°}{\sin 75°}=\frac{200\times 0.8829}{0.9659}\approx 183\ (\text{m}),$$

即 A 处到河流对岸建筑物 B 的距离约为 183m.

将此例和前节的例 3.2 比较,可以看出应用正弦定理解三角形更为方便,而且不限于解直角三角形.

【**例 4.2**】 在 $\triangle ABC$ 中,已知 $A=35°$,$a=6$,$c=9$,求 B 和 b(结果角度准确到半度,长度保留两位小数).

解 由正弦定理得

$$\frac{\sin A}{a}=\frac{\sin C}{c},$$

于是

$$\sin C=\frac{c\sin A}{a}=\frac{9\sin 35°}{6}\approx 1.5\times 0.5735\approx 0.8603.$$

因为互补角的正弦相等，所以由 $\sin C$ 求角 C 有如下两种可能的回答：

（1）若角 C 为锐角，查得 $C \approx 59.5^{\circ}$；故 $B = 180^{\circ} - A - C \approx 85.5^{\circ}$.

由正弦定理得

$$b = \frac{a \sin B}{\sin A} = \frac{6 \sin 85.5^{\circ}}{\sin 35^{\circ}} \approx 10.43 \quad （见图 4-2）.$$

（2）若角 C 为钝角，则 $C \approx 120.5^{\circ}$；故 $B = 180^{\circ} - A - C \approx 24.5^{\circ}$.

由正弦定理得

$$b = \frac{a \sin B}{\sin A} = \frac{6 \sin 24.5^{\circ}}{\sin 35^{\circ}} \approx 4.34.$$

在图 4-2 中，情形（2）的点 C 用 C' 标记.

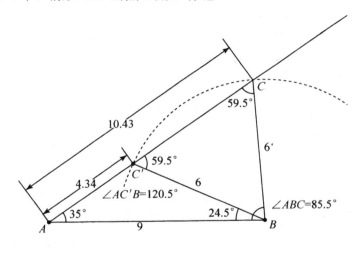

图 4-2

【例 4.3】 在 $\triangle ABC$ 中，已知 $A = 35^{\circ}$，$a = 6$，$c = 4$，求 B 和 b（结果角度准确到半度，长度保留两位小数）.

解 由正弦定理得

$$\frac{\sin A}{a} = \frac{\sin C}{c},$$

于是

$$\sin C = \frac{c \sin A}{a} = \frac{4 \sin 35^{\circ}}{6} \approx \frac{2}{3} \times 0.5735 \approx 0.3823.$$

因为互补角的正弦相等，所以由 sin C 求角 C 有如下两种可能的回答：

（1）若角 C 为锐角，查得 $C \approx 22.5°$；故 $B = 180° - A - C \approx 122.5°$.

由正弦定理得

$$b = \frac{a \sin B}{\sin A} = \frac{6 \sin 122.5°}{\sin 35°} = \frac{6 \sin 57.5°}{0.5735} \approx 8.82 \text{（见图 4-3）}.$$

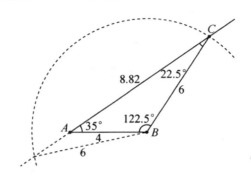

图 4-3

（2）若角 C 为钝角，$C \approx 180° - 22.5° = 157.5°$，这样将有 $A + C = 192.5°$. 三角形内角和超过平角，这是不合理的，所以这种情形不会出现.

请比较例 4.2 和 4.3 的条件，并观察比较图 4-2 和 4-3 的区别，探求两种情形不同的原因.

总结上面三个例子，得到用正弦定理解三角形的一些规律：

（1）已知三角形的两个角和一条边，可以用三角形内角和定理求出第三个角，再用正弦定理求另两条边.

（2）已知三角形的两条边和其中一条边的对角，可用正弦定理求另一条已知边的对角的正弦，再由正弦值查出角的大小，用三角形内角和定理求出第三个角，再用正弦定理求第三条边. 要注意的是，由正弦值查角时，会得到两个可能的解答，要根据条件判断解答是否合理.

如果已知条件是三边或者两边和它们的夹角，下面还要继续探索.

习题 4.1 如图 4-4，直升机于空中 A 处观测正前方地面上一目标 B 的俯角为 29°，继续向前飞行 1000m 到 C 处，观测目标 B 的俯角为 44°；问飞机向前再飞行多远，才能到目标 C 的正上方？飞机到地面的高度是多少？

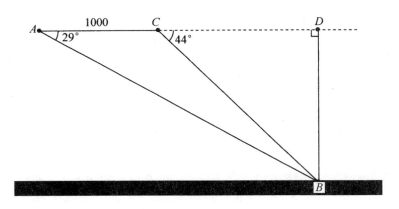

图 4-4

习题 4.2　△ABC 中，已知 $A=30°$，$c=20$. 试探索问题：a 的大小在什么范围内，才有两个满足同样条件的三角形？

习题 4.3　如图 4-5，在△ABC 的边 BC 上取一点 P，利用面积关系

$$△ABC=△ABP+△ACP$$

和三角形面积公式证明，若 $α+β+δ+γ=180°$，则有

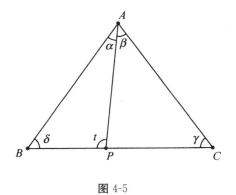

图 4-5

$$\sin（α+β）\cdot\sin（β+γ）=\sinα\cdot\sinγ+\sinβ\cdot\sinδ. \qquad （4-3）$$

5. 正弦增减寻根究底

从图 2-4 的正弦表上看，当角度从 0°开始一度一度增加到 90°的过程中，对应的正弦值也在增加，这是不是一个普遍的规律呢？

例如，当角度从 11°增加到 12°的过程中，对应的正弦值是否也在不断增加？会不会有时减少一下又再增加呢？

直观看，在 0°到 90°的任何相邻两度之间，对应的正弦值也会随着角度的增

加而不断增加. 在例 3.1、例 4.2 和 4.3 中，我们由一个未知角的正弦值来估计角的大小，也基于这种规律.

例如，例 3.1 中 $\sin A = 0.2$，而表中只有 $\sin 11° \approx 0.1908$ 和 $\sin 12° \approx 0.2079$，根据 0.2 比 0.1908 大、比 0.2079 小，我们认为 A 比 $11°$ 大、比 $12°$ 小而估计 $A \approx 11.5°$.

是不是确实有 A 比 $11°$ 大、比 $12°$ 小呢？

下面通过严谨的论证，揭示出角的正弦增减性的规律.

命题 5.1（正弦增减性） 若 $0° \leqslant \alpha < \beta < 180°$，且 $\alpha + \beta < 180°$，则 $\sin \alpha < \sin \beta$.

证明 如图 5-1，$\triangle ABC$ 中. $AB = AC = 1$，$\angle BAC = \beta - \alpha$.

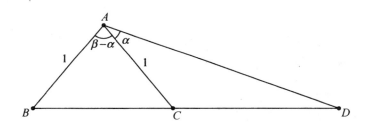

图 5-1

延长 BC 至 D，使得 $\angle CAD = \alpha$，则 $\angle BAD = \beta$. 由面积公式显然有

$$\frac{AD\sin \alpha}{2} = \triangle CAD < \triangle BAD = \frac{AD\sin \beta}{2}, \tag{5-1}$$

两端同乘 2，同除以 AD，得到不等式 $\sin \alpha < \sin \beta$. 证毕.

想一想，条件 $\alpha + \beta < 180°$ 有什么用？

这里用到了不等式的一个基本性质：若 $a < b$ 并且 $k > 0$，则 $ka < kb$. 也就是说，不等式两端同乘一个正数，不等式仍然成立.

在前面我们做了很多计算题，解决的是定量问题. 这次是对图形的性质进行论证，解决的是定性的问题.

定性和定量是相通的. 例如，要在图 5-1 情形证明不等式 $\sin \alpha < \sin \beta$，也可以具体计算出 $\sin \beta - \sin \alpha$ 来. 这个问题读者不妨先想一想如何解决？

命题 5.1 有下列显然的推论：

推论 5.1　若 $0°\leqslant\alpha<\beta\leqslant90°$，则 $\sin\alpha<\sin\beta$.

推论 5.2　若 $90°\leqslant\alpha<\beta\leqslant180°$，则 $\sin\alpha>\sin\beta$.

推论 5.3　对一切 $0°\leqslant\alpha\leqslant180°$，有 $0\leqslant\sin\alpha\leqslant1$，并且 $\sin\alpha=1$ 当且仅当 $\alpha=90°$；$\sin\alpha=0$ 当且仅当 $\alpha=0°$ 或 $\alpha=180°$.

在第一节的习题里，用共角定理推出了"三角形中等角对等边".

把正弦定理和正弦增减性结合起来，不但能推出等角对等边，还能得到三角形有关边角大小比较的更多重要性质.

命题 5.2　任意三角形中等角对等边，大角对大边，等边对等角，大边对大角.

证明　按命题表述顺序论证：

（1）设在△ABC 中有 $A=B$，则 $\sin A=\sin B$，由正弦定理得 $a=b$，这证明了等角对等边.

（2）设在△ABC 中有 $A<B$，由内角和定理 $A+B<180°$.

根据命题 5.1 和正弦定理可得

$$\sin A<\sin B=\frac{b\sin A}{a},$$

两端除以 $\sin A$ 得 $1<b/a$，两端乘 a 得 $a<b$，这证明了大角对大边.

（3）设 $a=b$，用反证法，假设 $A\neq B$. 由已经证明的大角对大边可知 $a\neq b$，矛盾. 这表明反证法的假设不成立，所以 $A=B$. 这证明了等边对等角.

（4）设 $a<b$，用反证法，假设 $A\geqslant B$. 由已经证明的等角对等边和大角对大边可得 $a\geqslant b$，矛盾. 这表明反证法的假设不成立，所以 $A<B$. 这证明了大边对大角.

命题证毕.

命题 5.2 表明，用面积公式和正弦定理不但可以对图形做定量的计算，还能够做定性的研究.

从命题 5.2 得到以下一系列显然推论：

推论 5.4　等腰三角形两底角相等.

推论 5.5 有两角相等的三角形是等腰三角形.

推论 5.6 顶角小于直角的等腰三角形一定是锐角三角形.

推论 5.7 等边三角形的三个角都等于 $60°$.

推论 5.8 直角三角形的三边中斜边最大.

推论 5.9 钝角三角形中钝角所对的边最大.

推论 5.10 从直线外一点到直线上各点所联结的线段中，垂线段最短.

直线外一点到直线所作的垂线段的长度，叫做该点到此直线的距离.

这些推论的证明，留作习题.

下面是一个非常重要的定理：

命题 5.3（三角形不等式） 任意$\triangle ABC$中，两边之和大于第三边，即

$$AB+BC>AC. \tag{5-2}$$

证明 若$AB \geqslant AC$，命题的结论当然成立.

若$AB<AC$，在AC上取一点D，使得$AD=AB$，如图 5-2.

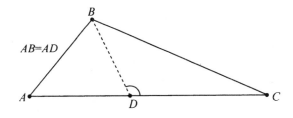

图 5-2

因为$\triangle ADB$是等腰三角形，所以$\angle ADB$为锐角，故$\angle BDC$为钝角，从而在$\triangle BDC$中，BC为最大边，于是

$$BC>DC. \tag{5-3}$$

将不等式（5-3）和等式$AB=AD$相加得

$$AB+BC>AD+DC=AC. \tag{5-4}$$

命题得证.

命题 5.4（等腰三角形三线合一） 等腰三角形的顶角的角平分线垂直平分底边. 反之，底边上的高平分顶角和底边，底边上的中线平分顶角并垂直底边.

分析：如图 5-3，D 是等腰 $\triangle ABC$ 的底边上一点，只需要证明：

（1）若 $AD \perp BC$，则 $\angle BAD = \angle CAD$；

（2）若 $\angle BAD = \angle CAD$，则 $BD = CD$；

（3）若 $BD = CD$，则 $AD \perp BC$.

证明 （1）根据等腰三角形底角相等，有 $\angle B = \angle C$；由三角形内角和定理，得

$$
\begin{aligned}
\angle BAD + \angle BDA &= 180° - \angle B \\
&= 180° - \angle C \\
&= \angle CAD + \angle CDA,
\end{aligned} \tag{5-5}
$$

于是由 $\angle BDA = \angle CDA = 90°$ 推知 $\angle BAD = \angle CAD$.

（2）若 $\angle BAD = \angle CAD$，分别对 $\triangle ABD$ 和 $\triangle ACD$ 应用正弦定理，得到

$$
BD = \frac{AD\sin\angle BAD}{\sin B} = \frac{AD\sin\angle CAD}{\sin C} = CD \tag{5-6}
$$

（3）若 $BD = CD$，分别对 $\triangle ABD$ 和 $\triangle ACD$ 应用面积公式得

$$
\frac{\sin\angle BAD}{\sin\angle CAD} = \frac{AB \cdot AD\sin\angle BAD}{AC \cdot AD\sin\angle CAD} = \frac{\triangle ABD}{\triangle ACD} = \frac{BD}{CD} = 1,
$$

因为 $\angle BAD + \angle CAD = \angle BAC < 180°$，故 $\angle BAD = \angle CAD$，从而由（5-5）式和 $\angle BDA + \angle CDA = 180°$ 得 $\angle BDA = \angle CDA = 90°$，即 $AD \perp BC$.

命题证毕.

三线合一是等腰三角形的重要性质，后面还将不止一次提到它.

过线段 AB 中点且垂直于 AB 的直线，叫做 AB 的垂直平分线，简称为中垂线. 从上例可知，等腰三角形的底边上的高（顶角的角平分线，底边上的中线）是底边的垂直平分线. 等腰三角形的顶点在底边的垂直平分线上. 一般说来，线段的垂直平分线上的点到该线段两端距离相等，反之，到线段两端距离相等的点都在该线段的垂直平分线上. 这件事的证明到后面会很容易，但也可以作为正弦增减性的应用来加以证明.

【例 5.1】 试证明：（1）线段的垂直平分线上的点到该线段两端距离相等；（2）反之，到线段两端距离相等的点都在该线段的垂直平分线上.

证明 （1）参看图 5-3，设 AD 垂直平分 BC，求证 $AB=AC$.

不妨设 $AB \geqslant AC$. 由"大边对大角"得 $\angle C \geqslant \angle B$，再由三角形内角和定理得 $\angle CAD \leqslant \angle BAD$，由正弦的增减性得 $\sin\angle CAD \leqslant \sin\angle BAD$. 再由 $AB \cdot \sin\angle BAD = BD = CD = AC \cdot \sin\angle CAD$，所以又得到 $AB \leqslant AC$. 结合前提 $AB \geqslant AC$ 得到 $AB=AC$.

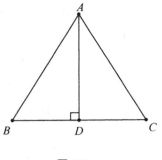

图 5-3

（2）要证明到线段两端距离相等的点都在该线段的垂直平分线上，也就是证明不在该线段的垂直平分线上的点到线段两端距离不相等.

请自己按下面的说法在图 5-3 上面添加点和线，或在想象中推理：仍设 AD 垂直平分 BC，若点 P 不在直线 AD 上，不妨设 P 和 B 在直线 AD 的异侧，作线段 PB 和直线 AD 交于 Q. 若 P 在直线 BC 上，因为 P 不是 BC 中点，故 $PB \neq PC$；

若 P 不在直线 BC 上，由上面已经证明的（1）得 $QB=QC$，于是 $PB = PQ+QB = PQ+QC > PC$. 这证明了不在直线 AD 上的点 P 到线段 BC 两端点距离不等．证毕.

【例 5.2】 在 $\triangle ABC$ 内任取一点 D，求证不等式
$$BA+AC > BD+DC. \tag{5-7}$$

证明 如图 5-4，延长 BD 交 AC 于 E，两次应用三角形不等式得
$$BA+AC = (BA+AE) + EC > BE+EC$$
$$= BD + (DE+EC) > BD+DC. \tag{5-8}$$

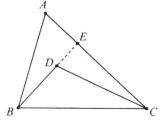

图 5-4

【例 5.3】 如图 5-5，已知 $\angle ABC > \angle ABD$，$BC = BD$，求证 $AD < AC$.

证明 根据等边对等角，由 $BC = BD$ 得 $\angle BDC = \angle BCD$，故在 $\triangle ACD$ 中有

$$\angle ACD < \angle BCD = \angle BDC < \angle ADC,$$

根据大角对大边，得 $AD < AC$.

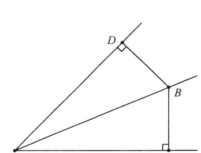

图 5-5

【例 5.4】 求证：角内一点到角的两边距离相等的充要条件是该点在此角的平分线上.

证明 如图 5-6，B 是 $\angle DAC$ 内一点，$\angle BDA = \angle BCA = 90°$.

若 $\angle BAC = \angle BAD$，则

$$BC = AB \cdot \sin\angle BAC$$
$$= AB \cdot \sin\angle BAD$$
$$= BD,$$

即 B 到 $\angle DAC$ 两边等距；

若 B 到 $\angle DAC$ 两边等距，即 $BC = BD$，则

$$\sin\angle BAC = \frac{BC}{AB} = \frac{BD}{AB} = \sin\angle BAD,$$

从而 $\angle BAC = \angle BAD$，即 B 在 $\angle DAC$ 分角线上. 证毕.

习题 5.1 设 M 是等腰三角形 $\triangle ABC$ 底边 BC 的中点，求证：（1）$AM \perp BC$；（2）$\angle BAM = \angle CAM$.

习题 5.2 在 $\triangle ABC$ 内任取一点 D，求证不等式

$$AD + BD + CD < AB + BC + CA < 2（AD + BD + CD）.$$

习题 5.3 在 $\triangle ABC$ 内取两点 P 和 Q，使得 $BPQC$ 为凸四边形，求证不等式

$$BA + AC > BP + PQ + QC.$$

习题 5.4 凸五边形 Ω 在四边形 Σ 的内部，求证：Σ 的周长大于 Ω 的周长．

习题 5.5 如图 5-7，过等腰三角形 OAB 底边 AB 的端点 A 作一腰 OA 的垂线 PF，和底边 AB 成锐角 $\angle BAP$. 求证：$\angle AOB = 2\angle BAP$.

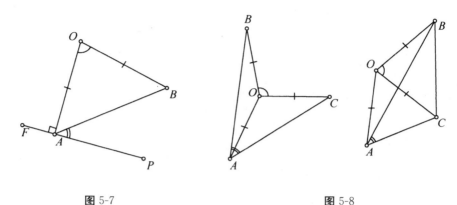

图 5-7   图 5-8

习题 5.6 如图 5-8，等腰三角形 OAC 和 OAB 有公共顶点 O 和公共腰 OA. 求证：另两腰所成的角 $\angle BOC$ 是两底边所成角 $\angle BAC$ 的 2 倍．

【进一步的思考】 不用正弦，能不能论证三角形中大边对大角？

若在 $\triangle ABC$ 中有 $\angle B = \angle C$，对 $\triangle ABC$ 和 $\triangle ACB$ 使用共角定理得

$$1 = \frac{\triangle ABC}{\triangle ACB} = \frac{AB \cdot BC}{AC \cdot BC} = \frac{AB}{AC}, \tag{5-9}$$

这证明了等角对等边．

进一步考察 $\angle B < \angle C$ 的情形．如图 5-9，在 AB 边上取 P，使得

$$\angle 1 = \frac{\angle C - \angle B}{2},$$

则 $\angle 3 = \angle B + \angle 1 = \angle C - \angle 1 = \angle 2$，从而 $AC = AP < AB$，即大角对大边．

显然推得大边对大角和等边对等角．

结合正弦定理可推出正弦增减性质．

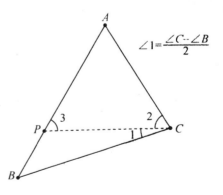

图 5-9

"不用某些知识，能不能解决这个问题？"这种求异思维，是学习数学中提出

问题引发思考的一个常用方法．

6. 判定相似手到擒来

国旗上有大小不同的五角星，大的五角星和小的五角星形状是一样的．

一般说来，称形状相同但大小可能不同的两个图形是相似的．

"形状相同"不是严谨的数学语言．要用严谨的数学语言刻画"相似"的概念，可以从三角形的相似说起．

定义 6.1 对应角相等，对应边成比例的两个三角形 ABC 和 XYZ 叫做一对相似三角形，记做$\triangle ABC \backsim \triangle XYZ$．记号"$\backsim$"读作"相似于"．

具体说，"对应角相等，对应边成比例"的意思是

$$\angle A = \angle X，\angle B = \angle Y，\angle C = \angle Z；$$

并且

$$\frac{a}{x} = \frac{b}{y} = \frac{c}{z}（如图 6\text{-}1）．$$

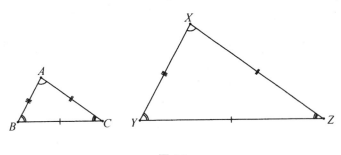

图 6-1

相似三角形 ABC 和 XYZ 的对应边的比 a/x，叫做$\triangle ABC$ 和$\triangle XYZ$ 的相似比．

从共角定理立刻得知，相似三角形的面积比等于其相似比的平方．

在图 6-1 中，用同样的记号标注对应的边或角．注意在相似记号$\triangle ABC \backsim$ $\triangle XYZ$ 中，字母的顺序不能写乱，对应的顶点要排在相同的位置．如果改变顶点顺序，则两个三角形要做同样的改变．例如可以把$\triangle ABC \backsim \triangle XYZ$ 写成

$\triangle BAC \backsim \triangle YXZ$，但不能写成$\triangle ABC \backsim \triangle YXZ$.

下面的命题，是相似形的基本定理，它提供了判别相似三角形的简便方法.

命题 6.1（相似三角形的"角角判定法"） 在$\triangle ABC$和$\triangle XYZ$中，若$\angle A = \angle X$，$\angle B = \angle Y$，则

$$\frac{a}{x} = \frac{b}{y} = \frac{c}{z}, \tag{6-1}$$

从而$\triangle ABC \backsim \triangle XYZ$.

证明 由条件和三角形的内角和定理可得$\angle C = \angle Z$. 再对两个三角形分别应用正弦定理得到

$$\frac{\sin A}{a} = \frac{\sin B}{b} = \frac{\sin C}{c}, \tag{6-2}$$

$$\frac{\sin X}{x} = \frac{\sin Y}{y} = \frac{\sin Z}{z}, \tag{6-3}$$

将式（6-2）和式（6-3）相比，约去等量$\sin A = \sin X$，$\sin B = \sin Y$和$\sin C = \sin Z$，即得式（6-1），证毕.

根据命题 6.1，推出几何图形中常见的相似三角形的情形.

推论 6.1 若直角三角形有一锐角和另一直角三角形的一角相等，则两三角形相似.

推论 6.2（平行边构成的相似三角形） 若$AB /\!/ CD$，直线AC和BD相交于P，则$\triangle PAB \backsim \triangle PCD$（图 6-2）.

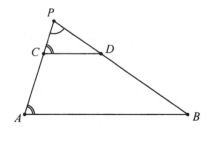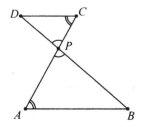

图 6-2

证明 在图 6-2 的两种情形，都有

$$\angle APB = \angle CPD \text{（同角或对顶角）,} \qquad (6\text{-}4)$$

$$\angle PAB = \angle PCD \text{（平行线的同位角或内错角）.} \qquad (6\text{-}5)$$

由式（6-4）和式（6-5），应用相似三角形的角角判别法，得△PAB∽△PCD.
证毕.

推论 6.3（垂直边构成的相似三角形）　设 $AC \perp BC$，$AD \perp BD$. 若直线 AC 和 BD 相交于 P，则△PAD∽△PBC（图 6-3）.

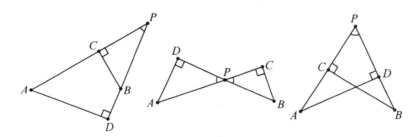

图 6-3

证明　如图 6-3，三种情形下都有

$$\angle APD = \angle BPC \text{（同角或对顶角）,} \qquad (6\text{-}6)$$

$$\angle ADP = \angle BCP \text{（同为直角）.} \qquad (6\text{-}7)$$

由式（6-6）和式（6-7），应用相似三角形的角角判别法，得△PAD∽△PBC.
证毕.

三角形两边中点的联结线段叫做三角形的中位线，关于中位线有

命题 6.2（三角形的中位线定理：任意三角形两边中点的连线平行于第三边，且等于第三边之半）　设 M 和 N 分别是△ABC 两边 AB 和 AC 的中点，则 $MN /\!/ BC$，且

$$MN = \frac{BC}{2} \text{（图 6-4）.}$$

证明　由于 M 和 N 分别是 AB 和 AC 的中点，故得

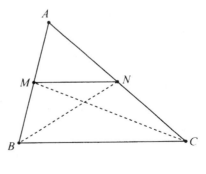

图 6-4

$$\triangle MBC = \frac{\triangle ABC}{2} = \triangle NBC. \tag{6-8}$$

由平行线的面积判定法得

$$MN /\!\!/ BC. \tag{6-9}$$

由（6-9）式，应用命题 6.2（平行边构成的相似三形）得

$$\triangle AMN \backsim \triangle ABC. \tag{6-10}$$

由（6-10）式，应用相似三角形对应边成比例的性质得

$$\frac{MN}{BC} = \frac{AM}{AB} = \frac{1}{2},$$

故推出 $MN = BC/2$. 证毕.

三角形的中位线是平面几何中常见的基本图形，在解题时很有用. 有时中位线不是明显给出的. 例如下列命题中用平行关系给出中位线.

命题 6.3 设 M 是 $\triangle ABC$ 中 AB 边的中点，且直线 $MN /\!\!/ BC$ 和 AC 边交于 N，则 N 是 AC 的中点（图 6-4）.

证明 由题设条件和平行线的面积性质得

$$\frac{AN}{CN} = \frac{\triangle AMN}{\triangle CMN} = \frac{\triangle AMN}{\triangle BMN} = \frac{AM}{BM} = 1,$$

即 N 是 AC 的中点，证毕.

【例 6.1】（射影定理） 设 CD 是直角三角形斜边 AB 上的高. 求证：

$$CD^2 = AD \cdot BD.$$

证明 如图 6-5，$\angle ACD = 90° - \angle A = \angle B$，故直角 $\triangle ADC \backsim \triangle CDB$，从而

$$\frac{AD}{CD} = \frac{CD}{BD},$$

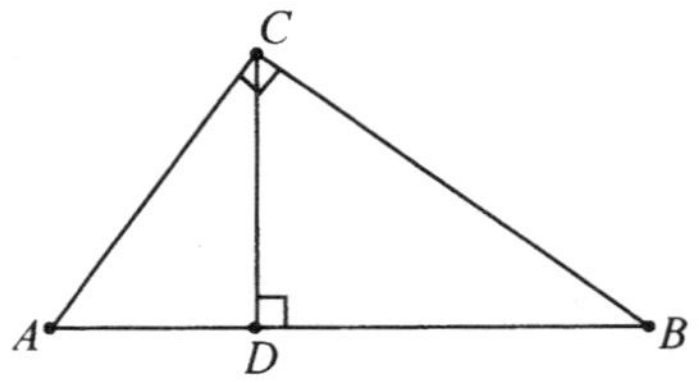

图 6-5

所以 $CD^2 = AD \cdot BD$. 证毕.

【例 6.2】 求证：任意四边形中，四边中点顺次联结成为平行四边形.

证明 如图 6-6，由中位线定理，$EH \mathbin{/\mkern-5mu/} AC \mathbin{/\mkern-5mu/} FG$，$EF \mathbin{/\mkern-5mu/} DB \mathbin{/\mkern-5mu/} HG$，故 $EFGH$ 是平行四边形.

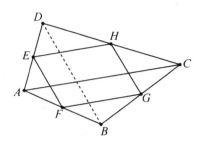

图 6-6

相似三角形在平面几何中非常有用，本节的例题和习题不多. 后面我们会学习判别相似三角形的其他方法，并提供更多的例题和习题.

习题 6.1 如图 6-7，AD 和 BE 是 $\triangle ABC$ 的高，$AD = 5$，$BD = 4$，$BC = 6$，求 DH 和 $\triangle ABH$ 的面积.

习题 6.2 如图 6-8，$\angle 1 = \angle 2$，$BD = 2$，$DC = 3$，$AC = 6$，求 AB.

习题 6.3 如图 6-9，$\triangle ABC$ 的三边中点分别为 D，E，F. 若 $\triangle ABC$ 面积为 12，求 $\triangle DEF$ 的面积.

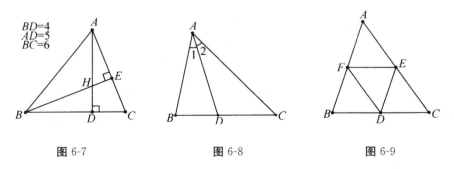

图 6-7   图 6-8   图 6-9

习题 6.4 如图 6-10，两直线 AB 和 CD 相交于 P，且 $\angle ADP = \angle CBP$. 求证：

$$PA \cdot PB = PC \cdot PD. \tag{6-11}$$

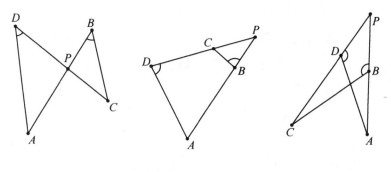

图 6-10

【补充资料3】

（ⅰ）不用正弦定理，用共角定理也能导出相似三角形的"角角判别法".

在 $\triangle ABC$ 和 $\triangle XYZ$ 中，若 $\angle A = \angle X$，$\angle B = \angle Y$，则也有 $\angle C = \angle Z$. 用共角定理得

$$\frac{\triangle ABC}{\triangle XYZ} = \frac{bc}{yz} = \frac{ac}{xz} = \frac{ab}{xy}. \tag{6-12}$$

将上式同乘 xyz/abc 便得

$$\frac{xyz\triangle ABC}{abc\triangle XYZ} = \frac{x}{a} = \frac{y}{b} = \frac{z}{c}. \tag{6-13}$$

这说明两三角形的三边成比例，从而相似.

（ⅱ）不用相似三角形，用共角定理也能导出三角形的中位线定理.

在命题 6.2 的证明中，得知 $MN \parallel BC$ 后，由 $\angle AMN = \angle ABC$ 和 $\angle MAN = \angle BAC$，对 $\triangle ABC$ 和 $\triangle AMN$ 用共角定理得

$$\frac{AB \cdot AC}{AM \cdot AN} = \frac{\triangle ABC}{\triangle AMN} = \frac{AB \cdot BC}{AM \cdot MN}, \tag{6-14}$$

约简后得 $BC = 2MN$.

7．两角一边判定全等

若 $\triangle ABC$ 和 $\triangle XYZ$ 的三个角和三条边都对应相等，就称它们全等，记做 $\triangle ABC \cong \triangle XYZ$. 记号"$\cong$"读作"全等于".

显然，全等三角形就是相似比等于 1 的相似三角形．

由面积公式可知，全等三角形面积相等．

根据相似三角形的"角角判定法"，立刻得到全等三角形的"角边角判定法"和"角角边判定法"，合在一起称为全等三角形的两角一边判定法．

命题 7.1（全等三角形的两角一边判定法）　若△ABC 和△XYZ 中有∠$A=$∠X，∠$B=$∠Y，且 $AB=XY$ 或 $AC=XZ$，则△ABC≌△XYZ.

由此得到推论：

推论 7.1（直角三角形全等的边角判定法）　有一锐角和一对应边相等的两个直角三角形全等．

推论 7.2（全等三角形的对应高相等）　若△ABC≌△XYZ，如图 7-1，AD 是△ABC 的高，XW 是△XYZ 的高，则 $AD=XW$.

证明　由△ABC≌△XYZ，得 $AB=XY$，∠$B=$∠Y，故直角三角形 ABD 全等于△XYW，从而 $AD=XW$. 证毕．

解决一个问题后，要常常想想有没有别的方法．例如：

也可以根据△ABC 和△XYZ 面积相等和 $BC=YZ$ 直接推得 $AD=XW.$

还可以应用直角三角形中锐角正弦与边的比的关系得

$$AD=AB\sin B=XY\sin Y=XW.$$

还可以对△ABD 和△XYW 用共角定理来做：

$$\frac{AB\cdot BD}{XY\cdot YW}=\frac{\triangle ABD}{\triangle XYW}=\frac{AD\cdot BD}{XW\cdot YW}.$$

约简后应用 $AB=XY$ 得到 $AD=XW$.

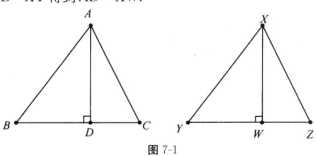

图 7-1

推论 7.3（全等三角形的对应分角线相等） 若△ABC≌△XYZ，如图 7-2，AD 是△ABC 中∠BAC 的分角线，XW 是△XYZ 中∠YXZ 的分角线，则 AD $=XW$.

证明 由△ABC≌△XYZ，得 $AB=XY$，∠$B=$∠Y，∠$BAC=$∠YXZ. 由分角线的定义得

$$\angle BAD=\frac{\angle BAC}{2}=\frac{\angle YXZ}{2}=\angle YXW.$$

由两角一边判定法知△ABD 全等于△XYW，从而 $AD=XW$. 证毕.

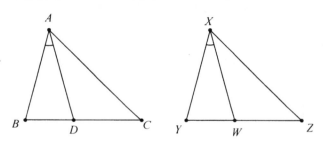

图 7-2

推论 7.3 也可以用正弦定理或共角定理来证明.

【例 7.1】 如图 7-3，△ABC 是等边三角形，在两边 AB 和 AC 上分别取点 D 和 E，连 CD 和 BE 交于 F，∠$DFB=60°$. 若 $CE=7$，求 AD.

解 ［方法 1］根据三角形外角等于两个内对角之和，∠1+∠3=∠4=60°；根据等边三角形的三个角都等于 60°，∠2+∠3=60°，因此，∠1=∠2.

在△ADC 和△CEB 中，除∠1=∠2 外，还有∠$A=$∠BCE 和 $AC=CB$，根据三角形全等的两角一边判定法，△ADC≌△CEB，所以 $AD=CE=7$.

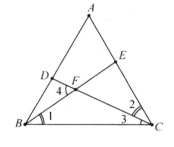

图 7-3

［方法 2］用正弦定理来解：在△ADC 中用正弦定理得

$$\frac{\sin\angle ADC}{AC}=\frac{\sin\angle 2}{AD},$$

在△CEB中用正弦定理得

$$\frac{\sin\angle CEB}{BC}=\frac{\sin\angle 1}{CE},$$

两式相比，利用$\angle 1=\angle 2$，$AC=CB$和$\angle CEB=\angle ADC$的约简后得到$AD=CE$ $=7$.

［方法3］用共角定理来解：由$\angle 1=\angle 2$和$\angle CEB=\angle ADC$对$\triangle ADC$和$\triangle CEB$用共角定理得

$$\frac{AC\cdot DC}{BC\cdot BE}=\frac{\triangle ADC}{\triangle CEB}=\frac{AD\cdot DC}{CE\cdot BE},$$

约简后得$1=AD/CE$，故$AD=CE=7$.

［方法4］用相似三角形：由$\angle 1=\angle 2$和$\angle CEB=\angle ADC$得$\triangle ADC$相似于$\triangle CEB$，所以

$$\frac{AD}{CE}=\frac{AC}{BC}=1,$$

故$AD=CE=7$.

【例7.2】 如图7-4，$AB=AC$，$\angle BAC=90°$，D是BC中点，在AB上任取点E，连ED，过D作ED的垂线交AC于F. 求证：$DE=DF$.

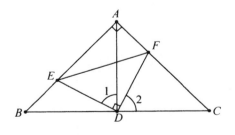

图 7-4

证明 根据等腰三角形中三线合一，可知$AD\perp DC$且$\angle EAD=\angle CAD=\angle C$，从而$AD=CD$；并且$\angle 1=90°-\angle ADF=\angle 2$，从而$\triangle AED\cong\triangle CFD$，即可得所要的结论. 证毕.

例7.2当然也可以用正弦定理、共角定理或相似三角形来解答.

习题 7.1 如图 7-5 在正方形 $ABCD$ 的边 BC 上任取点 E，联结 AE；自 B 作 AE 的垂线交 DC 于 F，交 AE 于 G．图中除 $ABCD$ 的四条边外，还有哪些线段相等？

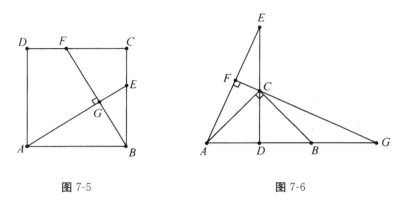

图 7-5   图 7-6

习题 7.2 如图 7-6，$\triangle ACB$ 是等腰直角三角形，$\angle ACB = 90°$，点 D 是 AB 中点．延长 DC 到 E，连 AE，过 C 作 AE 的垂线交 AE 于 F，交 AB 的延长线于 G．试找出图中的所有的相等的角，相等的线段和全等的三角形．

第一站小结

第一节，我们从小学里学到的两条几何知识出发，经过思考探索，得到一系列新的知识，其中包括了平行线的性质和判定、共边定理、共角定理这些有用的解题工具．学习这些知识固然重要，但锻炼获取知识的能力更重要．在阅读时请特别注意如何发现问题，如何提出问题，如何从反面思考，如何运用求异思维．

共边定理和共角定理非常有用，但不是本书的主题．本书主题是以三角为主线将初等数学的大量知识串起来，基于三角知识用代数展开几何．

所以，第一节是热身，第二节才是本书真正的起点．

我们做的第一件大事，是为了计算三角形面积而引进正弦．醉翁之意不在酒，引进正弦建立面积公式的目标，不仅仅限于求面积，而要宏伟远大得多．有了正弦，就可以顺势引入其他三角函数，方便快捷地推出大量几何知识，为函数、向量、解析几何、复数等知识的学习做必要的准备，建起由初等数学通向高等数学的桥梁．从一开始就引进正弦，是有战略意义的．

引进正弦，同时也就引进了一种数学思想，即对应的思想，函数的思想．

从小学到初中，所遇到的数学问题，都是从已知数出发经过确定的运算而获取答案的．正弦的引进，打破了这个惯例．已知角 A，我们虽然知道一定有一个对应的数叫做 $\sin A$，但是不知道对已知的 A 的度数做什么运算才能得到 $\sin A$ 的数值！我们仅仅知道，如果 A 的度数确定了，$\sin A$ 的数值也就确定了．也就是说，仅仅知道从 A 到 $\sin A$ 有一个确定的对应关系．仅仅根据有这个确定的对应关系，就能写出公式，就能推出一系列的几何知识，这显示出"确定的对应关系"这个思想的力量！以后知道，"确定的对应关系"就是函数关系．对应的思想，即函数的思想，是极为重要的数学思想．引进一个正弦，尽管对它几乎一无所知，它却能帮我们的大忙．在这里我们初步体会到函数思想的力量．

对于暂时知之不多的东西，不妨先起个名字．有了名字便于讨论演算，就能更多地了解它，这是方程的思想．本来好像还没有的东西，描述一下，起个名字就能"无中生有"，就把一个新的东西建构出来了，这种思考方法，也可以叫做建构思维方法．数学家解决问题，常常要建构一个东西来研究．当然，在数学家看来，所建构的东西是客观存在的，起个名字就是划个范围，把要研究的东西凸显出来，并非无中生有．

有了正弦的概念，有了 $\sin A$ 的记号，接着要做两方面的事．一方面是利用正弦来探索几何问题，获取几何知识；另一方面是对正弦的性质做更深入的研究．这两个方面是相辅相成和相互促进的．

从第三节里，可以看出利用正弦获取几何知识的基本思路是建立方程．含有正弦的面积公式（2-3）中包含了好几个等式，每个等式都可以看成一个方程．方程里面有好几个量，把有些量赋予具体的值，又把有些量看成未知数，再把未知数解出来，就得到了新的知识．这不，取一个角为直角就得到了方程（3-1），把 $\sin A$ 和 $\sin B$ 看成未知数解出来，就得到了直角三角形中成立的公式（3-2）和（3-3），即命题 3.1：直角三角形中锐角的正弦等于对边比斜边．用这些知识就能解直角三角形，就能解决实际中可能遇到的测量问题．用中国古话说，就是有了量天度地之术．

第四节里，进一步提出了解任意三角形的问题．这一节刚开始，略施代数小技，就把面积公式（2-3）变成了正弦定理（4-1）．从这里看到对字母进行运算是多么有用！正弦定理虽然得来全不费工夫，但它简直是一个宝藏，从里面能够开掘出不少有用的东西，它使得两种情形下解三角形的问题得到解答．

为了扩大战果，需要回过头来对正弦的性质做更深入的考察．我们首先关心的是，当角 A 从 $0°$ 增大到 $180°$ 的过程中，$\sin A$ 如何变化？

其实，我们心里有底．我们从正弦的定义就能看出来，当角 A 从 $0°$ 增大到 $90°$ 时，$\sin A$ 从 0 增大到 1；当角 A 从 $90°$ 增大到 $180°$ 度时，$\sin A$ 则从 1 减少到 0.

但是，在数学里，看出来的事总不放心，能够证明才算数，能够一板一眼推出来才算数．第五节开始，建构了一个几何情景，即图 5-1，就把正弦的增减规律说清楚了．结合正弦定理，也就把三角形中边角大小关系说清楚了，这就是命题 5.2——大角对大边，大边对大角，等角对等边，等边对等角．

接着，就得到一连串的推论，这是知识的丰收．

特别值得一提的是，证明了"三角形两边之和大于第三边"，这在不少书上都是不加证明就承认了的．这里给出证明，更深入地说明了道理．

在正弦定理的基础上，导出了相似形的基本定理（命题 6.1），这是判定两个三角形相似的最常用的方法，有大量的应用，也是各种考试要考的重点内容．

考虑相似比为 1 的特殊情形，就从命题 6.1 推出判断两个三角形全等的"两角一边判定法"，即命题 7.1.

我们看到，解三角形和判定三角形全等这两件事是相通的．但是，只用正弦定理不能完全解决解三角形的问题，也不能完全解决相似三角形和全等三角形的判定问题，应当继续发展我们的方法．

正弦和角公式

8. 正弦和角公式与特殊角的正弦

为了计算面积，引进了正弦．正弦出来，大显神通，它不但能用来定量地测算未知的距离和角度，还能够揭示任意三角形的边角关系，对图形做定性的研究．

到现在，我们和正弦多次接触了，但对正弦仍然知之甚少．虽然能从表上或用计算器查出对应于角度的正弦值，但对这些值的来历却毫不知情．

不知道，正好可以提问题：正弦表上的数值是如何求出来的？计算器里面是怎样算出正弦值的呢？

这是一个相当深刻的有趣问题，值得我们探究．

回顾一下，揭示了三角形边角关系的正弦定理，是怎么得来的？

用三种形式表达同一个三角形面积而得出等式，从这等式变出了正弦定理．

这些等式里面包含的边和角是未知的．数学里通常把含有未知数的等式叫做方程．利用方程探索未知奥秘是重要的数学思想．

用不同的角的正弦计算三角形面积，列出方程推出正弦定理，这是成功经验．

如果把一个三角形分成两块计算，得到的方程能推出些什么新的东西？

如图 8-1，设 $\angle BAD=\alpha$，$\angle CAD=\beta$，而 α 和 β 都是锐角．过 D 作 AD 的垂线和两角的边分别交于 B 和 C．

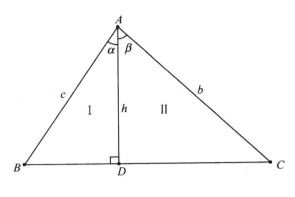

图 8-1

两直角三角形的面积分别记作 $\triangle \mathrm{I}$ 和 $\triangle \mathrm{II}$，则有 $\triangle ABC = \triangle \mathrm{I} + \triangle \mathrm{II}$，由面积公式得到

$$\frac{bc\sin(\alpha+\beta)}{2} = \frac{ch\sin\alpha}{2} + \frac{bh\sin\beta}{2}. \tag{8-1}$$

将上式两端同乘 2 并同除以 bc，应用直角三角形中锐角正弦等于对边比斜边的关系 $\sin B = h/c$ 和 $\sin C = h/b$，以及 $\angle B = 90°-\alpha$，$\angle C = 90°-\beta$，得到

$$\sin(\alpha+\beta) = \frac{h}{b} \cdot \sin\alpha + \frac{h}{c} \cdot \sin\beta$$

$$= \sin\alpha \cdot \sin(90°-\beta) + \sin\beta \cdot \sin(90°-\alpha). \tag{8-2}$$

于是得到一个非常有用的公式

命题 8.1（正弦和角公式） 若 α 和 β 都是锐角，则有

$$\sin(\alpha+\beta) = \sin\alpha \cdot \sin(90°-\beta) + \sin\beta \cdot \sin(90°-\alpha). \tag{8-3}$$

要看一个公式有什么用处，一个好办法是用具体的数来代替公式中的字母看能算出什么来．

（ⅰ）在正弦和角公式（8-3）中，取 $\alpha=\beta=30°$ 得到

$$\sin 60° = \sin 30° \sin 60° + \sin 30° \sin 60° = 2\sin 30° \sin 60°. \tag{8-4}$$

把 $\sin 30°$ 当成未知数解出来得到

$$\sin 30° = \frac{\sin 60°}{2\sin 60°} = \frac{1}{2}. \qquad (8\text{-}5)$$

这是一条新的知识!

（ii）取 $\alpha = \beta = 45°$ 得到

$$\sin 90° = \sin 45° \sin 45° + \sin 45° \sin 45° = 2\,(\sin 45°)^2. \qquad (8\text{-}6)$$

因为 $\sin 90° = 1$，故（8-6）式可写成 $2\,(\sin 45°)^2 = 1$。

为了简便，约定可以把 $(\sin x)^2$ 写成 $\sin^2 x$，（8-6）式可写成

$$2\sin^2 45° = 1.$$

设 $x = 2\sin 45°$，得到方程

$$x^2 = 2, \qquad (8\text{-}7)$$

这是一个简单的二次方程。

方程（8-7）的解是这样一个数，它的平方等于 2。

【补充资料 4】

整数的平方显然不能等于 2。

古希腊数学家已经发现，任何分数的平方也不可能等于 2。这道理并不复杂。如果有一个约简了的分数 n/m，满足等式 $(n/m)^2 = 2$，就有 $n^2 = 2m^2$。n^2 的个位数字只可能是 0，1，4，5，6，9 中之一，而 $2m^2$ 的个位数字只可能是 0，2，8 中之一。如果 $n^2 = 2m^2$，等式两端的个位数字只可能都是 0，这表明 n/m 的分子分母中都包含因子 5，而这是不可能的，因为它是约简了的分数。

也可以更简单地来否定等式 $n^2 = 2m^2$ 的可能性：左端 n^2 含有因子 2 的个数是偶数，右端 $2m^2$ 含有因子 2 的个数是奇数！

因此，平方等于 2 的数不可能是有理数。类似地，平方等于 3、等于 5、等于 7 的数也不可能是有理数，它们叫做无理数。

有理数都可以用正或负的有限小数或无限循环小数表示。无理数则可以用正或负的无限不循环小数表示。有理数和无理数合称为实数。

设 a 为实数。平方等于 a 的数，也就是方程 $x^2 = a$ 的根，叫做 a 的平方根。

因为实数的平方不可能为负数，所以负数在实数范围内没有平方根．0 的平方根还是 0．当 $a>0$ 时，a 的正平方根叫做 a 的算术平方根，记做 $\sqrt{a}$．显然，$-\sqrt{a}$ 也是 a 的平方根．

回到方程（8-7）．按照上面约定的术语和记号，它的两个根是 $\sqrt{2}$ 和 $-\sqrt{2}$．原来设 $x=2\sin 45°$，而 $\sin 45°$ 是正数，所以得到

$$\sin 45°=\frac{\sqrt{2}}{2}\approx 0.7071. \tag{8-8}$$

（ⅲ）在正弦和角公式（8-3）中，取 $\alpha=30°$，$\beta=60°$ 得到

$$\sin 90°=\sin^2 30°+\sin^2 60°, \tag{8-9}$$

由此得到 $\sin^2 60°=3/4$，从而

$$\sin 60°=\frac{\sqrt{3}}{2}\approx 0.8660. \tag{8-10}$$

综合（8-10），（8-8）和（8-5）式，并根据互补角正弦相等，列出特殊角正弦表（表 8-1）

表 8-1　特殊角正弦表

$\sin 0°$	$\sin 30°$	$\sin 45°$	$\sin 60°$	$\sin 90°$	$\sin 120°$	$\sin 135°$	$\sin 150°$	$\sin 180°$
0	$\frac{1}{2}$	$\frac{\sqrt{2}}{2}$	$\frac{\sqrt{3}}{2}$	1	$\frac{\sqrt{3}}{2}$	$\frac{\sqrt{2}}{2}$	$\frac{1}{2}$	0

从这些特殊角的正弦值，可以得到一些几何推论．

推论 8.1　直角三角形中，30°角的对边是斜边的一半．

推论 8.2　正方形的对角线是边长的 $\sqrt{2}$ 倍．

推论 8.3　等边三角形的高，等于边长的 $\sqrt{3}/2$ 倍．

习题 8.1　思考：不用有关正弦的知识，能不能推出本节的三个推论？

习题 8.2　如图 8-2，等边三角形 ABC 的

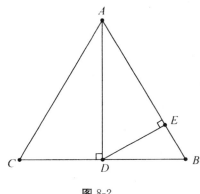

图 8-2

边长为 7，AD 是其 BC 边上的高．自 D 向 AB 作垂线，垂足为 E．求 $\triangle ADE$ 的面积．

习题 8.3　正方形面积为 8，求顺次联结其各边中点所得四边形的周长．

习题 8.4　思考：如果在图 8-1 中 AD 不是高，能推出什么公式吗？

9. 勾股定理和解直角三角形

上面在正弦和角公式 $\sin (\alpha+\beta) = \sin \alpha \cdot \sin (90°-\beta) + \sin \beta \cdot \sin (90°-\alpha)$ 中，让两个角取三种特殊值，结果收获不小．

所取的三种值中，有两种的情形满足 $\beta=90°-\alpha$．那么，如果不设具体数值，就让 $\beta=90°-\alpha$，能得到什么规律呢？

这时，$\alpha+\beta=90°$，$90°-\beta=\alpha$，$\sin (\alpha+\beta) = \sin 90°=1$，得到

命题 9.1（正弦勾股关系）

$$\sin^2 \alpha + \sin^2 (90°-\alpha) = 1. \tag{9-1}$$

当然，此命题也可以表述为：若 $\alpha+\beta=90°$，则 $\sin^2 \alpha + \sin^2 \beta = 1$．

在直角 $\triangle ABC$ 中，如果 $\angle C=90°$（图 9-1），则

$$\sin A=\frac{a}{c}, \ \sin B=\frac{b}{c};$$

由 $A+B=90°$ 得 $\sin^2 A + \sin^2 B = 1$，即

$$\left(\frac{a}{c}\right)^2 + \left(\frac{b}{c}\right)^2 = 1,$$

从而

$$a^2 + b^2 = c^2, \tag{9-2}$$

这就是被誉为几何学基石的勾股定理．

命题 9.2（勾股定理）　直角三角形中，两直角边的平方和等于斜边的平方．

勾股定理有鲜明的几何意义：在直角三角形的三边上各作一个正方形，则斜边上的正方形的面积等于另两个正方形面积之和．图 9-2 用面积切割组合的方法验证了勾股定理．

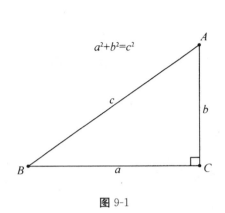

图 9-1

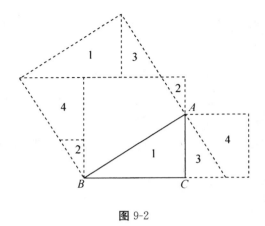

图 9-2

勾股定理的证明方法有 400 多种，在网上可以查到大量有关的资料．

前面第三节讨论解直角三角形的问题时，已知两直角边的情形还没有解决．现在有了勾股定理，知道了直角三角形任意两条边，都可以求出第三边来，解直角三角形的问题就完全解决了．

命题 9.3（直角三角形的求解） 已知直角三角形的两边或一边一锐角，可以求出该三角形的其他未知的边和角．

自然也就得到

命题 9.4（直角三角形全等判别法） 若两直角三角形的两边对应相等或一边一锐角对应相等，则此两三角形全等．

勾股定理的应用极多，今后还会不断碰到．

前面例 5.1 中证明了线段的垂直平分线上任一点到该线段的两端点距离相等，并且到线段两端点距离相等的点都在其垂直平分线上，但证明起来有点曲折．有了勾股定理，这些事实就很清楚了．

如图 9-3，若点 P 在 AB 的垂直平分线 CM 上，由勾股定理得

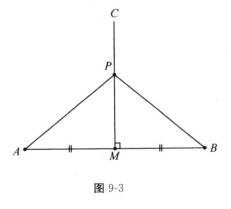

图 9-3

$$PA = \sqrt{PM^2 + AM^2} = \sqrt{PM^2 + BM^2} = PB.$$

另一方面，若 M 不是中点，例如若 $AM>BM$，则由勾股定理立刻推出 $.PA>PB.$

于是很容易就得到了

命题 9.5（中垂线的性质）　（1）线段 AB 的垂直平分线上任一点 P 到该线段的两端点距离相等；

（2）到线段 AB 的两端点距离相等的点 Q 必在 AB 的垂直平分线上．

作为中垂线的性质的一个应用，观察图 9-4：M 是直角 $\triangle ABC$ 的斜边 AB 的中点．取 BC 中点 N，由三角形中位线定理知道 $MN/\!/AC$，所以 $MN\perp BC$，故 MN 是 BC 的垂直平分线，从而

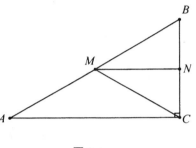

图 9-4

$$MC=MB=\frac{AB}{2}.$$

于是得

命题 9.6　直角三角形斜边上的中线等于斜边的一半．

【例 9.1】 若四边形 $ABCD$ 的两条对角线 $AC\perp BD$，求证：

$$AB^2-BC^2+CD^2-DA^2=0.$$

如图 9-5，只要对四个直角 $\triangle AEB$，$\triangle BEC$，$\triangle CED$，$\triangle DEA$ 分别用勾股定理计算四条边的平方代入即可．具体计算留给读者．

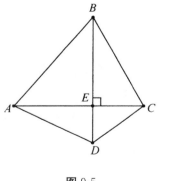

图 9-5

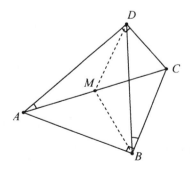

图 9-6

【**例 9.2**】 如图 9-6，已知四边形 $ABCD$ 中 $\angle ADC = \angle ABC = 90°$. 求证：$\angle DBC = \angle DAC$.

证明 作 AC 中点 M，连 MD 和 MB. 由于直角三角形斜边上的中线等于斜边的一半，故得 $MD = MC = MB$. 根据等边对等角和内角和定理，可得

$$\angle MBC = 90° - \frac{\angle BMC}{2}, \qquad \angle MBD = 90° - \frac{\angle BMD}{2},$$

于是

$$\angle DBC = \angle MBC - \angle MBD = \left(90° - \frac{\angle BMC}{2}\right) - \left(90° - \frac{\angle BMD}{2}\right)$$

$$= \frac{\angle BMD - \angle BMC}{2} = \frac{\angle DMC}{2} = \angle DAC,$$

证毕.

【**例 9.3**】 根据中垂线的性质，用圆规直尺作出已知线段 AB 的中垂线和中点.

解 如图 9-7，分别以 A 和 B 为心，过 B 和 A 作圆（或用相同半径作圆）. 两圆交于 P 和 Q，则直线 PQ 就是 AB 的中垂线（道理何在？）. PQ 和 AB 的交点 M 就是线段 AB 的中点.

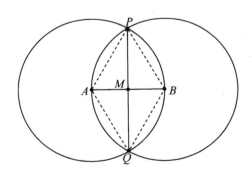

图 9-7

习题 9.1 已知等腰三角形底边长为 6 m，面积为 12 m^2，求其腰的长度.

习题 9.2 如图 9-8，已知 $\triangle ABC$ 中两高 AD 和 BE 交于 H，$AD = BC$，M 是 BC 中点，$BC = 12$，$CD = 4$.（1）求 $MH + HD$;（2）其他条件不变，分别对

$CD=2$，3，5 求 $MH+HD$；（3）从计算结果中总结一般的规律.

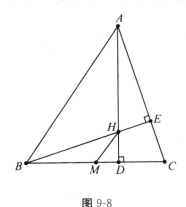

图 9-8

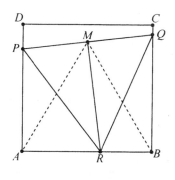

图 9-9

习题 9.3 如图 9-9，等边△PQR 的三个顶点在正方形 $ABCD$ 的三条边上；M 是 PQ 的中点. 观察猜想△ABM 的性质并加以论证. 进一步思考，若正方形面积为 100，则△PQR 的面积最大和最小各是多少？

习题 9.4 在等腰三角形 ABC 底边 BC 所在直线上任取一点 P. 求证：

$$PB \cdot PC = \mid AB^2 - AP^2 \mid \tag{9-3}$$

（提示：作出底边上的高 AD，应用勾股定理）.

10. 半角正弦和一元二次方程

知道了 $\sin 30°=1/2$，有没有办法计算 $\sin 15°$？

在正弦和角公式 $\sin(\alpha+\beta)=\sin\alpha \cdot \sin(90°-\beta)+\sin\beta \cdot \sin(90°-\alpha)$ 中取 $\alpha=\beta=15°$，得到 $\sin 30°=2\sin 15°\sin 75°$，即

$$2\sin 15°\sin 75°=\frac{1}{2}. \tag{10-1}$$

另一方面，根据正弦勾股关系有

$$\sin^2 15°+\sin^2 75°=1. \tag{10-2}$$

为简便记 $\sin 15°=u$，$\sin 75°=v$，得方程组

$$\begin{cases} 2uv=\dfrac{1}{2}, \\ u^2+v^2=1. \end{cases} \tag{10-3}$$

在方程组（10-3）的前一式中解出 $v=1/4u$，代入后一式得到

$$u^2+\frac{1}{16u^2}=1,$$

整理后为

$$16u^4-16u^2+1=0, \tag{10-4}$$

做变换 $4u^2=x$，得到一元二次方程

$$x^2-4x+1=0. \tag{10-5}$$

【补充资料5】

有大量的实际问题和理论问题与一元二次方程有关系．这里讨论一般的一元二次方程的解法．

一元二次方程的一般形式是

$$ax^2+bx+c=0 \quad (a\neq0). \tag{10-6}$$

取 $p=b/a$，$q=c/a$，则可以将（10-6）式改写成标准形式

$$x^2+px+q=0. \tag{10-7}$$

下面先探索一下，方程可能有几个根．

如果知道方程（10-7）的一个根 $x=s$，则

$$s^2+ps+q=0; \tag{10-8}$$

如果还有另一个根 t，则

$$t^2+pt+q=0. \tag{10-9}$$

将（10-9）式减去（10-8）式，得到

$$(t^2-s^2)+p(t-s)=(t-s)(t+s+p)=0, \tag{10-10}$$

此式表明，$(t-s)$ 或 $(t+s+p)$ 之中必有一个为 0．

这是说，如果还有一个根 t，必有 $s+t=-p$．

另一方面容易检验，无论是否有 $t=s$，$t=-(s+p)$ 总是方程的根，亦即有

命题 10.1 如果二次方程 $x^2+px+q=0$ 有根 $x=s$，则 $-(s+p)$ 也是它的根．而且至多只有这一个不等于 s 的根．

对一般二次方程 $ax^2 + bx + c = 0$（$a \neq 0$）来说，若它有一个根 $x = s$，则 $-(s + b/a)$ 也是它的根. 而且至多只有这一个不等于 s 的根.

这表明，二次方程最多有两个根. 而当 $-(s + p) = s$ 时，也就是 $s = -p/2$ 时，两个根相等. 而根 $s = -p/2$ 的意义就是

$$\left(-\frac{p}{2}\right)^2 + p\left(-\frac{p}{2}\right) + q = 0,$$

即 $p^2 = 4q$.

反之，若 $p^2 = 4q$，则方程化为

$$x^2 + px + q = x^2 + px + \frac{p^2}{4} = \left(x + \frac{p}{2}\right)^2 = 0,$$

必有 $x = -p/2$. 于是得

命题 10.2　方程 $x^2 + px + q = 0$ 有两个相等根的充分必要条件是 $p^2 = 4q$，这时它的根 $x = -p/2$.

对一般二次方程 $ax^2 + bx + c = 0$（$a \neq 0$）来说，有两个相等根的充分必要条件是 $(b/a)^2 = 4c/a$，即 $b^2 - 4ac = 0$，这时它的根为

$$x = -\frac{b}{2a}.$$

因此，无论方程 $x^2 + px + q = 0$ 的两个根 s 和 t 是否相等，总有

$$s + t = -p. \tag{10-11}$$

将上式两端平方得到

$$s^2 + 2st + t^2 = p^2. \tag{10-12}$$

利用等式（10-8）和（10-9）得 $s^2 = -ps - q$，$t^2 = -pt - q$，代入（10-12）式后得

$$-p(s + t) - 2q + 2st = p^2. \tag{10-13}$$

将（10-11）式代入上式，整理得到

$$st = q, \tag{10-14}$$

综合（10-11）和（10-14）式，得到

命题 10.3（二次方程的根与系数关系）　方程 $x^2 + px + q = 0$ 的两根之和为

$-p$，两根之积为 q.

对一般二次方程 $ax^2+bx+c=0$（$a\neq0$）来说，两根之和为 $-b/a$，两根之积为 c/a.

下面用根与系数关系把两个根求出来. 将（10-12）式减去（10-14）式的 4 倍，得到等式

$$s^2-2st+t^2=p^2-4q, \qquad (10\text{-}15)$$

也就是

$$(s-t)^2=p^2-4q. \qquad (10\text{-}16)$$

此式表明，若方程 $x^2+px+q=0$ 有实数根，必有 $p^2-4q\geqslant0$. 这时设 $s>t$，则得

$$s-t=\sqrt{p^2-4q}. \qquad (10\text{-}17)$$

将（10-17）和（10-11）式联立，解得

$$\begin{cases} s=\dfrac{-p+\sqrt{p^2-4q}}{2}, \\[2mm] t=\dfrac{-p-\sqrt{p^2-4q}}{2}. \end{cases} \qquad (10\text{-}18)$$

这样就完全解决了二次方程的求解问题，得到

命题 10.4（二次方程求根公式） 方程 $x^2+px+q=0$ 仅当 $p^2-4q\geqslant0$ 时有实根. 两根的计算公式如（10-18）式.

对一般二次方程 $ax^2+bx+c=0$（$a\neq0$）来说，仅当 $b^2-4ac\geqslant0$ 时有实根. 两根的计算公式为

$$x=\dfrac{-b\pm\sqrt{b^2-4ac}}{2a}.$$

获取二次方程求根公式的另一方法，是把方程 $x^2+px+q=0$ 写成 $x^2+px=-q$，再做变形

$$x^2+px=x\,(x+p)=\left(x+\dfrac{p}{2}-\dfrac{p}{2}\right)\left(x+\dfrac{p}{2}+\dfrac{p}{2}\right)=\left(x+\dfrac{p}{2}\right)^2-\dfrac{p^2}{4},$$

于是就有

$$\left(x+\frac{p}{2}\right)^2=\frac{p^2}{4}-q=\frac{p^2-4q}{4},$$

这就容易推出命题 10.4 了.

现在回到方程（10-5），用求根公式解 $x^2-4x+1=0$ 得 $x=2\pm\sqrt{3}$. 由所设 $4u^2=x$，得

$$\sin 15°=u=\frac{\sqrt{2\pm\sqrt{3}}}{2}.$$

但由于 $\sin 15°<\sin 30°=1/2$，故在 $\pm$ 号中只能选取"$-$"号，从而有

$$\sin 15°=\frac{\sqrt{2-\sqrt{3}}}{2}\approx0.2588. \tag{10-19}$$

考虑到求根公式是利用两根的和与积的关系列出二元一次方程组推出来的，所以也可以用类似的方法解方程组（10-3）. 将方程组（10-3）中的两个方程相加和相减，利用完全平方公式得到

$$\begin{cases} (u+v)^2=\dfrac{3}{2}, \\ (u-v)^2=\dfrac{1}{2}. \end{cases} \tag{10-20}$$

根据正弦的增减性可知 $u+v>0$，$u-v<0$，所以（10-20）式可以转化为二元一次方程

$$\begin{cases} u+v=\sqrt{\dfrac{3}{2}}, \\ u-v=-\sqrt{\dfrac{1}{2}}. \end{cases} \tag{10-21}$$

解方程组得到

$$\sin 15°=u=\frac{1}{2}\left(\sqrt{\frac{3}{2}}-\sqrt{\frac{1}{2}}\right)=\frac{\sqrt{6}-\sqrt{2}}{4}\approx0.2588, \tag{10-22}$$

$$\sin 75°=v=\frac{1}{2}\left(\sqrt{\frac{3}{2}}+\sqrt{\frac{1}{2}}\right)=\frac{\sqrt{6}+\sqrt{2}}{4}\approx0.9659. \tag{10-23}$$

结果发现，$\sin 15°$ 既可以表示成 $\sqrt{2-\sqrt{3}}\,/2$，又可以写成 $(\sqrt{6}-\sqrt{2})/4$. 两

者是不是同一个数呢？具体计算看到

$$\frac{(\sqrt{6}-\sqrt{2})^2}{4}=\frac{6-2\sqrt{12}+2}{16}=\frac{2-\sqrt{3}}{4}=\frac{(\sqrt{2-\sqrt{3}})^2}{2^2}, \qquad (10\text{-}24)$$

说明两者确实是同一个数.

这种方法有一般性. 设 $\alpha<45°$，若知道了 $\sin 2\alpha=k$，则设 $u=\sin\alpha$，$v=\sin(90°-\alpha)$ 便可以列出方程组

$$\begin{cases} 2uv=k. \\ u^2+v^2=1. \end{cases} \qquad (10\text{-}25)$$

将 (10-25) 式中的两个方程相加和相减，利用完全平方公式得到

$$\begin{cases} (u+v)^2=1+k, \\ (u-v)^2=1-k. \end{cases} \qquad (10\text{-}26)$$

根据正弦的增减性可知 $u+v>0$，$u-v<0$，故 (10-26) 式可以转化为二元一次方程组

$$\begin{cases} u+v=\sqrt{1+k}, \\ u-v=-\sqrt{1-k}. \end{cases} \qquad (10\text{-}27)$$

解得

$$\begin{cases} \sin\alpha=u=\dfrac{\sqrt{1+k}-\sqrt{1-k}}{2}, \\ \sin(90°-\alpha)=v=\dfrac{\sqrt{1+k}+\sqrt{1-k}}{2}. \end{cases} \qquad (10\text{-}28)$$

这样就能不断求出越来越小的角的正弦值，再利用正弦和角公式把小角组合成各种大小的角，求出更多的角的正弦值. 古代在航海和天文观测活动中使用的正弦表，就是用类似方法辛辛苦苦计算得来的.

习题 10.1　试求 $\sin 22.5°$ 和 $\sin 52.5°$ 的值.

习题 10.2　如图 10-1，E 在正方形 $ABCD$ 的 BC 边上，$\angle EAB=15°$，M 是 AE 中点. 请观察思考 $\triangle MCD$ 有何特点，并论证你的判断.

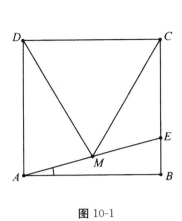

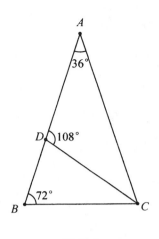

图 10-1　　　　　　　　　　　　　图 10-2

习题 10.3　如图 10-2，D 是 $\triangle ABC$ 的 AB 边上的点，$\angle B = 2\angle A = 72°$，$\angle ADC = 108°$.（1）求比值 AB/BC；（2）利用前一结果求 $\sin 18°$ 的值.

（答案：$\sin 18° = (\sqrt{5}-1)/4 \approx 0.3090$）.

11.　正弦差角公式和负角的正弦

上面一系列的结果表明，正弦和角公式很有用.

由和联想到差，能不能推出两角差的正弦？

依样画葫芦，如图 11-1，设 $\angle BAD = \alpha$，$\angle CAD = \beta$，而 α 和 β 都是锐角. 过 D 作 AD 的垂线和两角的边分别交于 B 和 C.

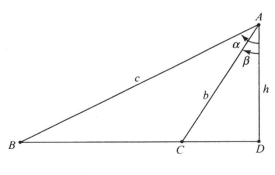

图 11-1

考虑两直角三角形的面积的差，则有 $\triangle ABC = \triangle ABD - \triangle ACD$，由面积公式得到

$$\frac{bc\sin(\alpha-\beta)}{2} = \frac{ch\sin\alpha}{2} - \frac{bh\sin\beta}{2}. \tag{11-1}$$

将上式两端同乘 2 并同除以 bc，应用直角三角形中锐角正弦等于对边比斜边的关系 $\sin B = h/c$ 和 $\sin\angle ACD = h/b$，以及 $\angle B = 90° - \alpha$，$\angle ACD = 90° - \beta$，得到

$$\sin(\alpha-\beta) = \frac{h}{b} \cdot \sin\alpha - \frac{h}{c} \cdot \sin\beta$$

$$= \sin\alpha \cdot \sin(90°-\beta) - \sin\beta \cdot \sin(90°-\alpha). \tag{11-2}$$

于是得到类似的公式.

命题 11.1（正弦差角公式） 若 α 和 β 都是锐角且 $\alpha > \beta$，则有

$$\sin(\alpha-\beta) = \sin a \cdot \sin(90°-\beta) - \sin\beta \cdot \sin(90°-\alpha). \tag{11-3}$$

【例 11.1】 用正弦差角公式计算 $\sin 15°$.

解 由 $15° = 45° - 30°$，用正弦差角公式得

$$\sin 15° = \sin(45°-30°) = \sin 45° \cdot \sin 60° - \sin 30° \cdot \sin 45°$$

$$= \frac{\sqrt{6}-\sqrt{2}}{4}, \tag{11-4}$$

这和上一节解方程得到的结果一致，但计算量少得多.

比较正弦和角公式和正弦差角公式会发现，如果把 $\alpha-\beta$ 写成 $\alpha+(-\beta)$，从形式上套用正弦和角公式，就得到

$$\sin(\alpha+(-\beta)) = \sin\alpha \cdot \sin(90°-(-\beta)) + \sin(-\beta) \cdot \sin(90°-\alpha)$$

$$= \sin\alpha \cdot \sin(90°+\beta) + \sin(-\beta) \cdot \sin(90°-\alpha)$$

$$= \sin\alpha \cdot \sin(90°-\beta) + \sin(-\beta) \cdot \sin(90°-\alpha). \tag{11-5}$$

上面最后一步，是因为 $90°+\beta$ 和 $90°-\beta$ 互补，故

$$\sin(90°+\beta) = \sin(90°-\beta).$$

在 (11-5) 式中出现了负角的正弦 $\sin(-\beta)$，这是形式上套公式的结果. 到目前为止，还没有定义过负角和负角的正弦. 但是，如果约定 $\sin(-\beta) = -\sin\beta$，

（11-5）式就和正弦差角公式结果一致了．这样就能够把正弦差角公式归结为和角公式的特款，把两个公式统一成一个，好处是可以少记一个公式，也提高了看问题的数学观点．

【补充资料6】

在数学运算中，有时会产生超出约定概念范围的结果．数学家的经验表明，如果简单地拒绝这些"不合法"的结果，就可能失去一次创新的机会．反之，如果扩充概念，"不合法"的结果常常能够得到合理地解释而变得合法化，数学描述客观事物的能力就进一步扩大了，解决问题的能力也就加强了．

我们来扩充角的概念，让负角合法化．

几何中的角，本来是指具有公共端点的两条射线所构成的图形．如果从运动的观点考察一个角形成的过程，角就会被赋予新的意义．

观察图 11-2，在半径为 OA 的圆上有一个动点 P，P 自 A 开始在圆上运动，射线 OP 随着旋转，和 OA 形成了一个角．如果不仅考虑射线 OP 的位置，还考虑到旋转的方向，就有两种可能：顺时针旋转或逆时针旋转．逆时针旋转形成的角其值为正，顺时针旋转形成的角其值为负．OA 叫做角的始边，OP 叫做角的终边．

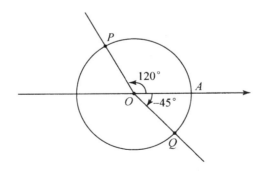

图 11-2

这样区别了始边和终边的角叫做有向角，记做 $\angle POA$．注意这里第一个字母 P 是终边上的点．在图 11-2 中，$\angle POA=120°$，而 $\angle QOA=-45°$．图上用带有箭头的小弧表示旋转的方向．但即使不画小弧，从记号上也能识别始边和终边，

从而看出旋转方向. 有向角的角度取值范围是大于 $-180°$ 而不大于 $180°$.

对于有向角的正弦，作这样的约定：若 $\angle POA > 0°$，$\sin \angle POA = \sin \angle POA$；若 $\angle POA < 0°$，$\sin \angle POA = -\sin \angle POA$.

在图 11-2 中，容易求出点 P 到直线 OA 的距离为 $OP \sin 120°$，而点 Q 到直线 OA 的距离为 $OQ \sin 45°$. 但这样的距离数据不能反映点 P 和点 Q 在直线 OA 两侧的情形.

为了更全面地描述点和直线的关系，引进带号距离的概念.

射线 OA 所在的直线 OA 叫做有向直线. P 是同平面上的直线 OA 外一点. 若 $\angle POA > 0°$，则称 P 在有向直线 OA 的正侧，P 到有向直线 OA 的带号距离就是 P 到直线 OA 的距离；若 $\angle POA < 0°$，则称 P 在有向直线 OA 的负侧，P 到有向直线 OA 的带号距离就是 P 到直线 OA 的距离的相反数.

在以上概念的基础上，点 P 到有向直线 OA 的带号距离显然等于 $OP \sin \angle POA$. 一个重要的推论是：

命题 11.2　若点 P 在以 O 为心的单位圆上，$\sin \angle POA$ 就是 P 到有向直线 OA 的带号距离（图 11-3）.

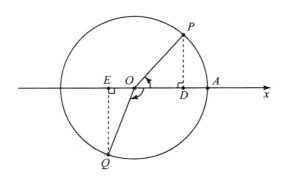

图 11-3

这也可以作为有向角的正弦的定义.

可以检验，对于有向角，正弦和角公式仍然成立.

【例 11.2】　若 $\alpha > 0°$，$\beta \geq 90°$，$\alpha + \beta < 180°$，检验正弦和角公式.

解　由条件知 $\alpha < 180° - \beta$，而且 α 和 $180° - \beta$ 都是锐角，所以有

$\sin (\alpha + \beta) = \sin (180° - \alpha - \beta) = \sin ((180° - \beta) - \alpha)$

$\qquad = \sin (180° - \beta) \cdot \sin (90° - \alpha) - \sin \alpha \cdot \sin (90° - (180° - \beta))$

$\qquad = \sin \beta \cdot \sin (90° - \alpha) - \sin \alpha \cdot \sin (\beta - 90°)$

$\qquad = \sin \beta \cdot \sin (90° - \alpha) + \sin \alpha \cdot \sin (90° - \beta)$.

本节引进的新概念比较多：有向角、有向直线、带号距离、负角的正弦等．这些概念以后可以慢慢体会，目前只要记住 $\sin (-\alpha) = -\sin \alpha$ 就行了．

习题 11.1 用正弦差角公式求 $\sin 3°$.

习题 11.2 若 $0° \leqslant \alpha \leqslant 90° \leqslant \beta \leqslant 180°$，验证差角公式成立．

第二站小结

这一站只有四个小节，但是所包含的思想和方法却非常重要，所得到的知识非常有用，值得细细玩味．

一个三角形被一条高线分成两块，两块面积加起来等于这个三角形的面积，这本来是十分平常的事．

但是，把这平常的事用数学语言叙述成为一个等式，对等式进行变形，就得到一个不平凡的结果．它就是十分有用的正弦和角公式，也叫做正弦加法定理．

只看一个数学公式的一般形式，常常看不出它有多大的用处．要知道它有多大用处，就要考察特殊案例．

好比下棋，象棋大师的高明之处，只能在对弈行棋时的精彩招数中表现出来．

正弦和角公式中有两个参数，α 和 β. 让两个参数分别取一些特殊值，我们就获得了几个特殊角的正弦值，这是新的知识．对于正弦，我们知道得更深入了．

有了关于正弦的新知识，就得到了新的几何知识，例如"直角三角形中 $30°$ 锐角的对边是斜边的一半"．

两个参数分别取定特殊值，得到特殊角的正弦值．如果留有余地，不把参数

值取定，只限定两者之和为直角，试试能得到什么呢？

这一下非同小可，轻松获得了勾股定理！

从明显的平常事实出发，推上不多的几步，就挖掘出深深埋藏的珍宝，这就是数学思想和数学方法的力量．

正弦如此有用，正弦和角公式如此有用，值得继续思考探索．

和为直角，是两参数间关系的一种．还可以考虑其他关系．一种最简单的关系是相等．取两者相等，得到了等式

$$\sin 2\alpha = 2 \sin \alpha \cdot \sin (90° - \alpha).$$

如果已知 $\sin 2\alpha$，把 $\sin \alpha$ 看成未知数，就得到一个二次方程．

几何、代数和三角，紧紧地连在一起了．

在代数的帮助下，我们对正弦了解得更多了．我们能够求出无数个角的正弦，正弦表的奥秘被初步揭露出来．

由和想到差是自然的事．类似于和角公式，我们推出了差角公式．从差角公式引出了负角，于是又探索负角正弦的合理的意义．数学的概念就是这样不断推广，概念的推广使原来得到的公式有了更大的适用范围．

余弦和余弦定理

12. 余弦的定义和性质

前面看到，当讨论的问题涉及 $\sin \alpha$ 时，一再出现 $\sin(90°-\alpha)$．为了方便，引进一个新的记号：

定义 12.1 角 A 的余角的正弦，叫做 A 的余弦，记做 $\cos A$．用公式表示即

$$\cos A = \sin(90°-A). \tag{12-1}$$

因 $\sin \alpha$ 对 $-180°<\alpha\leqslant180°$ 有意义，故余弦 $\cos A$ 对 $-180°<90°-A\leqslant180°$ 有意义，也就是对 $-90°\leqslant A<270°$ 有意义．

以后将把正弦和余弦的定义拓展到任意度数的角，不过那就要先说清楚任意度数的角的意义．而在目前，为了研究几何问题，$0°\leqslant A\leqslant180°$ 已经够了．

引进适当的简化记号，可以促进数学的发展，因为记号是数学语言的一部分，语言简化了，就有了更丰富的表现力．

余弦的引入依赖于正弦，所以从正弦的性质就得到余弦的性质．下面将余弦性质一一列举出来，也就温习了正弦性质，又是一次温故知新．

命题 12.1（余弦的基本性质） （1）直角的余弦为 0：$\cos 90°=0$；

（2）$0°$角的余弦为 1：$\cos 0°=1$；

平角的余弦为 -1：$\cos 180°=-1$；

（3）互补角余弦互为相反数：$\cos(180°-A)=-\cos A$；

（4）$\cos(-A)=\cos A$.

这些基本性质请读者根据余弦定义和正弦性质来验证.

命题 12.2（余弦的增减性） 当 A 从 $0°$ 增加到 $180°$ 时，$\cos A$ 从 1 减少到 -1. 由此可见，在 $0°$ 到 $180°$ 范围内，$\alpha=\beta$ 当且仅当 $\cos\alpha=\cos\beta$.

证明 当 $0°\leqslant\alpha<\beta\leqslant90°$ 时，$0\leqslant90°-\beta<90°-\alpha\leqslant90°$，故

$$\cos\alpha=\sin(90°-\alpha)>\sin(90°-\beta)=\cos\beta.$$

当 $90°\leqslant\alpha<\beta\leqslant180°$ 时，$0\leqslant\alpha-90°<\beta-90°\leqslant90°$，故

$$\cos\alpha=-\sin(\alpha-90°)>-\sin(\beta-90°)=\cos\beta.$$

总之当 $0°\leqslant\alpha<\beta\leqslant180°$ 时都有 $\cos\alpha>\cos\beta$，证毕.

从上面两个命题看到，余弦的性质和正弦大不相同. 锐角和钝角的正弦都是正的，余弦却是锐角正，钝角负. 在 $0°$ 到 $180°$ 范围内，互补的角正弦相等，所以知道了一个角的正弦有时还不能确定这个角. 而如果知道了余弦，角也就确定了，这是余弦的好处.

命题 12.3（直角三角形中锐角的余弦） 在斜边为 AB 的直角 $\triangle ABC$ 中，锐角的余弦等于其邻边和斜边的比（图 12-1）. 亦即

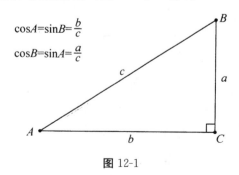

图 12-1

$$\cos A=\sin B=\frac{b}{c},\ \cos B=\sin A=\frac{a}{c}. \tag{12-2}$$

命题 12.4（和差角公式） 当 $0°\leqslant\alpha\leqslant180°$，$0°\leqslant\beta\leqslant180°$，$0°\leqslant\alpha+\beta\leqslant180°$ 时有

$$\sin (\alpha+\beta) = \sin \alpha \cdot \cos \beta + \cos \alpha \cdot \sin \beta,$$
$$\cos (\alpha+\beta) = \cos \alpha \cdot \cos \beta - \sin \alpha \cdot \sin \beta; \tag{12-3}$$

$$\sin (\alpha-\beta) = \sin \alpha \cdot \cos \beta - \cos \alpha \cdot \sin \beta,$$
$$\cos (\alpha-\beta) = \cos \alpha \cdot \cos \beta + \sin \alpha \cdot \sin \beta. \tag{12-4}$$

证明 （12-3）式中前一式由正弦和角公式（8-3）和例 11.2，把其中的 $\sin (90°-X)$ 换成 $\cos X$ 即可．后一式可转化为正弦和角或差角公式，这里不妨设 $0°\leqslant\alpha\leqslant90°$，则有

$$\cos (\alpha+\beta) = \sin (90°-(\alpha+\beta)) = \sin ((90°-\alpha)-\beta)$$
$$= \sin (90°-\alpha) \cdot \cos \beta - \sin \beta \cdot \cos (90°-\alpha)$$
$$= \cos \alpha \cdot \cos \beta - \sin \alpha \cdot \sin \beta.$$

至于（12-4）式请读者自行验证．

命题 12.5（勾股关系）

$$\sin^2\alpha + \cos^2\alpha = 1. \tag{12-5}$$

命题 12.6（正弦倍角公式）

$$\sin 2\alpha = 2\sin \alpha \cdot \cos \alpha. \tag{12-6}$$

命题 12.7（余弦倍角公式）

$$\cos 2\alpha = 2\cos^2 \alpha - 1. \tag{12-7}$$

为证明（12-7）式，只要在余弦和角公式（12-3）的后一式中取 $\beta=\alpha$，再用勾股关系（12-5）把式中的正弦化成余弦就可以了．

从（12-7）式看到，求半角的余弦比求半角的正弦要简单．

可见，用 $\cos \alpha$ 代替 $\sin (90°-\alpha)$，许多公式显得更简洁了．

命题 12.8（积化和差）

$$\sin \alpha \cdot \cos \beta = \frac{\sin (\alpha+\beta) + \sin (\alpha-\beta)}{2},$$
$$\cos \alpha \cdot \sin \beta = \frac{\sin (\alpha+\beta) - \sin (\alpha-\beta)}{2},$$
$$\cos \alpha \cdot \cos \beta = \frac{\cos (\alpha+\beta) + \cos (\alpha-\beta)}{2}, \tag{12-8}$$
$$\sin \alpha \cdot \sin \beta = \frac{\cos (\alpha-\beta) - \cos (\alpha+\beta)}{2}.$$

命题 12.9（和差化积）

$$\sin x + \sin y = 2\sin\frac{x+y}{2} \cdot \cos\frac{x-y}{2},$$

$$\sin x - \sin y = 2\sin\frac{x-y}{2} \cdot \cos\frac{x+y}{2},$$

$$\cos x + \cos y = 2\cos\frac{x+y}{2} \cdot \cos\frac{x-y}{2},$$

$$\cos x - \cos y = -2\sin\frac{x+y}{2} \cdot \sin\frac{x-y}{2}.$$

(12-9)

命题 12.8 可以从（12-3）式和（12-4）式中的几个等式相加减得到．然后在（12-8）式中令 $\alpha+\beta=x$，$\alpha-\beta=y$.

【例 12.1】 已知 $\triangle ABC$ 的两边 $AB=c$，$AC=b$ 和 $\angle A=2\alpha$．求 $\angle A$ 的分角线 AF 之长（图 12-2）.

解 利用面积关系 $\triangle ABF+\triangle AFC=\triangle ABC$，再用面积公式并化简得

$$c \cdot AF \cdot \sin\alpha + b \cdot AF \cdot \sin\alpha = b \cdot c \cdot \sin 2\alpha.$$

(12-10)

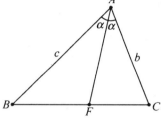

图 12-2

将倍角公式 $\sin 2\alpha = 2\sin\alpha \cdot \cos\alpha$ 代入上式并整理得

$$AF = \frac{2bc\cos\alpha}{b+c}.$$

(12-11)

【例 12.2】 如图 12-3，$\triangle ABC$ 的两高 AD 和 BE 交于 P，求证：

$$\frac{AP}{AD} = \frac{\cos(\alpha+\beta)}{\cos\alpha \cdot \cos\beta}.$$

证明 在直角 $\triangle APE$ 中，$AE=AP\cos\beta$；在直角 $\triangle ABE$ 中，$AE=AB\cos(\alpha+\beta)$；在直角 $\triangle ABD$ 中，$AD=AB\cos\alpha$；因此得到

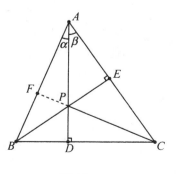

图 12-3

$$\frac{AP}{AD}=\frac{AP}{AE}\cdot\frac{AE}{AB}\cdot\frac{AB}{AD}=\frac{1}{\cos\beta}\cdot\frac{\cos(\alpha+\beta)}{1}\cdot\frac{1}{\cos\alpha}=\frac{\cos(\alpha+\beta)}{\cos\alpha\cdot\cos\beta},$$

证毕.

习题 12.1 试证明，任意三角形中大角的分角线较短（提示：用例 12.1 的结果和余弦的增减性）. 由此推出"若两角的分角线相等则其对边相等".

习题 12.2 用例 12.2 的结果证明，三角形的三高交于一点.

习题 12.3 在图 5-1 中，作出等腰△ABC 底边上的高，再计算两个三角形面积之差△ABD－△ACD，直接推出（12-9）式中的第二个等式. 类似地，想想其他等式的几何意义.

13. 余弦定理及其推论

余弦的引入，开始不过是为了简化记号，但它一旦出生，便会有自己的性格，自己的本领.

如图 13-1，在△ABC 中，自顶点 A 作高线 AD，则不论∠B 和∠C 的大小如何，总有 $b\cdot\sin C=c\cdot\sin B=AD$，这是正弦的特色，也是正弦定理的一种表现形式.

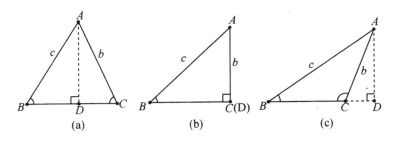

图 13-1

如果把上面表达式中的正弦换成余弦，则等式不成立了. 而且图中的三种情形有所不同：

图 13-1（a），$c\cdot\cos B=BD$，$b\cdot\cos C=DC$；

图 13-1（b）$c\cdot\cos B=BC$，$b\cdot\cos C=0$；

图 13-1（c），$c \cdot \cos B = BD$，$b \cdot \cos C = -DC$；

但这三种不同情形下，都成立一个相同的等式

$$c \cdot \cos B + b \cdot \cos C = BC = a.$$

轮换三角形顶点的字母，得到

命题 13.1　在任意 $\triangle ABC$ 中，若以对应小写字母记各角的对边，则有

$$\begin{cases} c \cdot \cos B + b \cdot \cos C = a. \\ c \cdot \cos C + a \cdot \cos A = b, \\ b \cdot \cos A + a \cdot \cos B = c. \end{cases} \quad (13\text{-}1)$$

如果把三角形的三边当成已知数，把三个角的余弦当成未知数，（13-1）式就成了一个三元联立一次方程组，这个方程组可以用加减消元法或代入消元法来解．下面的特殊解法也很有趣．

将（13-1）式的第一式乘 a，第二式乘 b，第三式乘 c，得到

$$\begin{cases} ac \cdot \cos B + ab \cdot \cos C = a^2, \\ bc \cdot \cos A + ab \cdot \cos C = b^2, \\ bc \cdot \cos A + ac \cdot \cos B = c^2. \end{cases} \quad (13\text{-}2)$$

把（13-2）式中的三个等式相加得到

$$2bc \cdot \cos A + 2ac \cdot \cos B + 2ab \cdot \cos C = a^2 + b^2 + c^2. \quad (13\text{-}3)$$

从（13-3）式中减去（13-2）式中第一式的两倍，得到

$$2bc \cdot \cos A = b^2 + c^2 - a^2, \quad (13\text{-}4)$$

同理得到

$$2ac \cdot \cos B = a^2 + c^2 - b^2, \quad (13\text{-}5)$$

$$2ab \cdot \cos C = a^2 + b^2 - c^2. \quad (13\text{-}6)$$

从上面三个等式容易解出三个角的余弦：

$$\begin{cases} \cos A = \dfrac{b^2 + c^2 - a^2}{2bc}, \\ \cos B = \dfrac{a^2 + c^2 - b^2}{2ac}, \\ \cos C = \dfrac{a^2 + b^2 - c^2}{2ab}. \end{cases} \quad (13\text{-}7)$$

通常把 3 个等式略为变形，成为

命题 13.2（余弦定理）　在任意 $\triangle ABC$ 中，若以对应小写字母记各角的对边，则有

$$
\begin{cases}
a^2 = b^2 + c^2 - 2bc \cdot \cos A, \\
b^2 = a^2 + c^2 - 2ac \cdot \cos B, \\
c^2 = a^2 + b^2 - 2ab \cdot \cos C.
\end{cases}
\tag{13-8}
$$

从余弦定理立刻得到一系列推论：

推论 13.1（勾股定理和它的逆定理）　在 $\triangle ABC$ 中，$a^2 + b^2 = c^2$ 的充分必要条件是 $\angle C$ 为直角.

用正弦和角公式，前面曾从 $\angle C$ 为直角推出 $a^2 + b^2 = c^2$，现在进一步知道，从 $a^2 + b^2 = c^2$ 也可以推出 $\angle C$ 为直角. 对勾股定理的认识又深入一步了.

推论 13.2　在 $\triangle ABC$ 中，若 $a > b$，则 $\angle A > \angle B$；若 $a = b$，则 $\angle A = \angle B$.

这是因为，当 $a = b$ 时有

$$
\cos A = \frac{b^2 + c^2 - a^2}{2bc} = \frac{a^2 + c^2 - b^2}{2ac} = \cos B,
\tag{13-9}
$$

而当 $a > b$ 时有

$$
\cos A = \frac{b^2 + c^2 - a^2}{2bc} < \frac{a^2 + c^2 - b^2}{2ac} = \cos B.
\tag{13-10}
$$

这个结论前面已经证明了. 这里用余弦定理推出就更直截了当.

推论 13.3　在 $\triangle ABC$ 中，$\angle C$ 为钝角的充分必要条件是 $a^2 + b^2 < c^2$.

推论 13.4　在 $\triangle ABC$ 中，若 $\angle C$ 的两夹边长度不变而 $\angle C$ 变大，则 c 边变大.

上面两个推论的证明作为习题.

推论 13.5　四边形 $ABCD$ 中对角线 AC 和 BD 相交于 P，记 $\angle APD = \alpha$，则

$$
AB^2 - BC^2 + CD^2 - DA^2 = 2AC \cdot BD \cdot \cos a.
\tag{13-11}
$$

证明　设 AC 和 BD 交于点 P，如图 13-2.

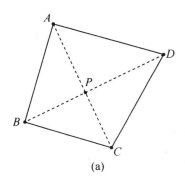

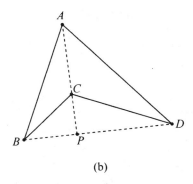

(a)　　　　　　　　　　　　　(b)

图 13-2

在图（a）情形 $\angle APD = \angle BPC = \alpha$，$\angle APB = \angle CPD = 180° - \alpha$. 由于 $\cos (180° - \alpha) = -\cos \alpha$，得到

$$\begin{cases} AB^2 = PA^2 + PB^2 + 2PA \cdot PB \cdot \cos \alpha, \\ BC^2 = PB^2 + PC^2 - 2PB \cdot PC \cdot \cos \alpha, \\ CD^2 = PC^2 + PD^2 + 2PC \cdot PD \cdot \cos \alpha, \\ DA^2 = PD^2 + PA^2 - 2PD \cdot PA \cdot \cos \alpha, \end{cases}$$

所以

$$AB^2 - BC^2 + CD^2 - DA^2$$

$$= 2 (PA \cdot PB + PB \cdot PC + PC \cdot PD + PD \cdot PA) \cos \alpha$$

$$= 2 (PA + PC)(PD + PB) \cos \alpha$$

$$= 2AC \cdot BD \cdot \cos \alpha.$$

在图（b）情形 $\angle APD = \angle DPC = \alpha$，$\angle APB = \angle BPC = 180° - \alpha$，得到

$$\begin{cases} AB^2 = PA^2 + PB^2 + 2PA \cdot PB \cdot \cos \alpha, \\ BC^2 = PB^2 + PC^2 + 2PB \cdot PC \cdot \cos \alpha, \\ CD^2 = PC^2 + PD^2 - 2PC \cdot PD \cdot \cos \alpha, \\ DA^2 = PD^2 + PA^2 - 2PD \cdot PA \cdot \cos \alpha, \end{cases}$$

所以

$$AB^2 - BC^2 + CD^2 - DA^2$$

$$= 2（PA \cdot PB - PB \cdot PC - PC \cdot PD + PD \cdot PA）\cos \alpha$$

$$= 2（PA - PC）（PD + PB）\cos \alpha$$

$$= 2AC \cdot BD \cdot \cos \alpha.$$

推论证毕.

由推论 13.5 可得

推论 13.6 四边形 $ABCD$ 中，对角线 AC 和 BD 相互垂直的充要条件是

$$AB^2 - BC^2 + CD^2 - DA^2 = 0. \tag{13-12}$$

【例 13.1】（三斜求积公式）已知△ABC 的三边 a，b 和 c，求三角形的面积.

解 根据面积公式

$$\triangle ABC = \frac{ab \cdot \sin C}{2},$$

有

$$\sin C = \frac{2\triangle ABC}{ab};$$

根据余弦定理，有

$$\cos C = \frac{a^2 + b^2 - c^2}{2ab};$$

由正弦和余弦的勾股关系 $\sin^2 C + \cos^2 C = 1$，便得

$$\frac{(2\triangle ABC)^2}{a^2 b^2} + \frac{(a^2 + b^2 - c^2)^2}{4a^2 b^2} = 1 \tag{13-13}$$

从上式中解出

$$\triangle ABC = \frac{1}{4}\sqrt{4a^2 b^2 - (a^2 + b^2 - c^2)^2}, \tag{13-14}$$

这就是中国宋代数学家秦九韶的三斜求积公式.

如果记△ABC 的周长的一半为 s，即

$$s = \frac{1}{2}（a + b + c），$$

则上式可以变形为更容易记忆的对称形式：

$$4a^2b^2 - (a^2+b^2-c^2)^2$$

$$= (2ab+a^2+b^2-c^2)(2ab-a^2-b^2+c^2)$$

$$= ((a+b)^2-c^2)(c^2-(a-b)^2)$$

$$= (a+b+c)(a+b-c)(a-b+c)(-a+b+c)$$

$$= 16s(s-a)(s-b)(s-c).$$

于是得到所谓的海伦公式

$$\triangle ABC = \sqrt{s(s-a)(s-b)(s-c)}. \tag{13-15}$$

【例 13.2】 已知△ABC 的三边 a，b 和 c，求三角形的三条中线的长.

解 设三边中点顺次为 M，N 和 P，如图 13-3. 在△ABM 中应用余弦定理，有

$$AM^2 = c^2 + BM^2 - 2c \cdot BM \cdot \cos B$$

$$= c^2 + \frac{a^2}{4} - 2c \cdot \frac{a}{2} \cdot \frac{a^2+c^2-b^2}{2ac}$$

$$= c^2 + \frac{a^2}{4} - \frac{a^2+c^2-b^2}{2} = \frac{2(b^2+c^2)-a^2}{4},$$

因此

$$AM = \frac{\sqrt{2(b^2+c^2)-a^2}}{2} \tag{13-16}$$

同理

$$BN = \frac{\sqrt{2(a^2+c^2)-b^2}}{2},$$

$$\tag{13-17}$$

$$CP = \frac{\sqrt{2(a^2+b^2)-c^2}}{2}.$$

习题 13.1 设四边形 $ABCD$ 面积为 S，试利用四边形面积公式（2-7）和本节推论 13.5 推导下列等式：

$$16S^2 = 4AC^2 \cdot BD^2 - (AB^2-BC^2+CD^2-DA^2)^2.$$

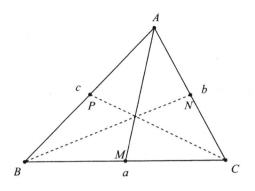

图 13-3

习题 13.2 已知△ABC 的三边 a，b 和 c，在 BC 边上取三分点 D，使得 BC $=3BD$，试推导下列等式：

$$9AD^2=3b^2+6c^2-2a^2.$$

习题 13.3 在余弦定理提供的等式 $a^2=b^2+c^2-2bc\cos A$ 中，当∠$A=0$ 或 ∠$A=\pi$ 时，会出现什么情形？几何意义是什么？

习题 13.4 观察图 13-4，从面积计算导出余弦定理和勾股定理.

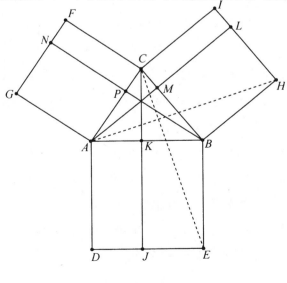

图 13-4

习题 13.5 利用正弦和角公式与正弦定理导出余弦定理（提示：设 $A+B+C=180°$，则 $\sin C=\sin (A+B)=\sin A \cdot \cos B+\cos A \cdot \sin B$；将此等式两端自乘，再用正弦定理与余弦和角公式推导）．

习题 13.6 观察图 13-5，试用勾股定理推导余弦定理（提示：$a^2-b^2=BD^2-AD^2$）．

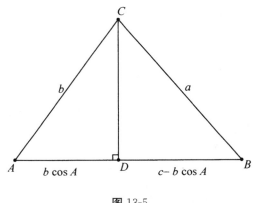

图 13-5

14．用平角度量角的大小

上面两节推出了大量公式定理，辛苦了．

文武之道，一张一弛．这一节说点小事情，休整一下．

数学的语言是符号，引进符号和简化符号都可能给数学带来新的发现．

引进正弦符号，就能建立面积公式，发现正弦定理．引进余弦符号，不但简化了许多公式，还发现了十分有用的余弦定理．

符号可以简化，几何量的表达也可以简化．

我们一直用角的度数来描述角的大小，这也是可以简化的．

例如，不妨用平角作为角的度量单位．

一个平角就等于 $180°$，记做 1pi；但 1 可以省略，所以就记做 pi. 这里 pi 是"平"的拼音"ping"的缩写，这样就有

$$\frac{\mathrm{pi}}{2}=90°, \quad \frac{\mathrm{pi}}{3}=60°, \quad \frac{\mathrm{pi}}{4}=45°,$$

等等．注意，这样说法是为了便于记忆。

在计算机程序中，常常用 pi 表示圆周率 π，而且读音相同，所以我们也可以用 π 代替 pi，于是就有

$$\frac{\pi}{2}=90°,\quad \frac{\pi}{3}=60°,\quad \frac{\pi}{4}=45°,\quad \frac{\pi}{6}=30°.$$

这样，特殊角的正弦和余弦值可以列表如下：

表 14-1　特殊角的正弦和余弦值

$\sin 0$	$\sin\frac{\pi}{6}$	$\sin\frac{\pi}{4}$	$\sin\frac{\pi}{3}$	$\sin\frac{\pi}{2}$	$\sin\left(-\frac{\pi}{6}\right)$	$\sin\left(-\frac{\pi}{4}\right)$	$\sin\left(-\frac{\pi}{3}\right)$	$\sin\left(-\frac{\pi}{2}\right)$
$\sin\pi$	$\sin\frac{5\pi}{6}$	$\sin\frac{3\pi}{4}$	$\sin\frac{2\pi}{3}$					
$\cos\frac{\pi}{2}$	$\cos\frac{\pi}{3}$	$\cos\frac{\pi}{4}$	$\cos\frac{\pi}{6}$	$\cos 0$	$\cos\frac{2\pi}{3}$	$\cos\frac{3\pi}{4}$	$\cos\frac{5\pi}{6}$	$\cos\pi$
0	$\frac{1}{2}$	$\frac{\sqrt{2}}{2}$	$\frac{\sqrt{3}}{2}$	1	$-\frac{1}{2}$	$-\frac{\sqrt{2}}{2}$	$-\frac{\sqrt{3}}{2}$	-1

一般说来，角度数值和平角数值的换算公式为

$$1°=\frac{\pi}{180},\quad n°=\frac{n\pi}{180},\quad \pi=180°,\quad k\pi=k\cdot 180°. \tag{14-1}$$

【例 14.1】　试求 $\cos(3\pi/8)$ 的值．

解　利用余弦倍角公式（12-7）：$\cos 2\alpha=2\cos^2\alpha-1$，取 $\alpha=3\pi/8$ 得到

$$\cos\frac{3\pi}{4}=2\cos^2\frac{3\pi}{8}-1 \tag{14-2}$$

由

$$\cos\frac{3\pi}{4}=-\frac{\sqrt{2}}{2}$$

得到

$$\cos\frac{3\pi}{8}=\sqrt{\frac{1}{2}\left(1-\frac{\sqrt{2}}{2}\right)}=\frac{\sqrt{2-\sqrt{2}}}{2}.$$

【例 14.2】　扇形的半径为 R，两半径夹角为 $\pi/3$，求其弧长和面积．

解　大小为 $\pi/3$ 的角是平角的 $1/3$，所对的弧长就是平角所对的弧长 πR 的

1/3，所以此扇形的弧长为 $\pi R/3$；同理可得此扇形的面积为

$$\frac{1}{3} \cdot \frac{\pi R^2}{2} = \frac{\pi R^2}{6}.$$

从上面例子可见，用平角 π 作为度量角的单位有时比较方便．

习题 14.1 试求 $\cos(5\pi/12)$ 的值．

习题 14.2 扇形的半径为 R，两半径夹角为 $3\pi/4$，求其弧长和面积．

15. 解任意三角形问题的完整回答

在第四节，我们用正弦定理解三角形，得到了一些结果：

（1）已知三角形的两个角和一条边，可以用三角形内角和定理求出第三个角，再用正弦定理求另两条边，此情形有唯一的解答．

（2）已知三角形的两条边和其中一条边的对角，可用正弦定理求另一条已知边的对角的正弦，再由正弦值查出角的大小，用三角形内角和定理求出第三个角，再用正弦定理求第三条边．此情形可能有唯一解、无解、或两个解．

如果已知条件是三边或者两边和它们的夹角，问题尚未解决．

有了余弦定理，这些问题迎刃而解：

（3）已知三角形的三条边，可以用余弦定理求出两个角，再用三角形内角和定理求出第三个角．

（4）已知三角形的两条边和夹角，可用余弦定理求第三边，化为情形（3）．

解任意三角形的问题，已经完全解决了．

这四种情形分别简称为边边边，边角边，两角一边和边边角．前三种情形，条件合理时则解是唯一的．在边边角的情形，可能有两个解．

用余弦定理解边边角的情形，要解一元二次方程，正好用上判别式．

两角一边情形，也可以用余弦定理来解，或直接来解．

【例 15.1】 已知 $\triangle ABC$ 的三条边 $a=5$，$b=6$，$c=7$，求其最大角的正弦值．

解 因为大边对大角，所以 $\triangle ABC$ 的最大角为 $\angle C$．由余弦定理得

$$\cos C = \frac{a^2 + b^2 - c^2}{2ab} = \frac{25 + 36 - 49}{60} = \frac{1}{5}.$$

根据正弦和余弦的勾股关系得

$$\sin C = \sqrt{1 - \cos^2 C} = \sqrt{1 - \frac{1}{25}} = \sqrt{\frac{24}{25}} = \frac{2\sqrt{6}}{5}.$$

【例 15.2】 如图 15-1，修建隧道前需确定山丘两侧的点 A 和 B 的直线距离．为此选另一点 C，测得 $AC = 300\text{m}$，$BC = 280\text{m}$，$\angle C = 30°$；求 AB.

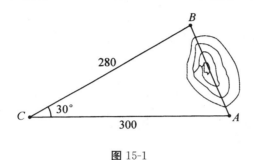

图 15-1

解 由余弦定理得

$$AB = \sqrt{a^2 + b^2 - 2ab\cos C} = \sqrt{280^2 + 300^2 - 2 \times 280 \times 300 \times \frac{\sqrt{3}}{2}}$$

$$= 151.14 \text{（m）}.$$

习题 15.1 已知 $\triangle ABC$ 的三条边 $a = 12$，$b = 15$，$c = 17$．AD 是 a 边上的高，求 BD.

习题 15.2 两船同时从 A 出发，甲船每小时约行 20 km，向正东行驶；乙船每小时约行 16 km，向东南行驶；试估计出发 90 分钟后两船的距离．

习题 15.3 给了条件 $b = 10$，$\angle A = 60°$，$a = x$，求作 $\triangle ABC$. 问 x 在什么范围内能作出唯一的满足条件的三角形？

16. 相似三角形判定的完全解决

在前面，利用正弦定理推出了（命题 6.1）

相似三角形的角角判定法：对应两角相等的两个三角形相似．在 $\triangle ABC$ 和

$\triangle XYZ$ 中，若 $\angle A = \angle X$，$\angle B = \angle Y$，则 $\triangle ABC \backsim \triangle XYZ$.

有了余弦定理，很容易进一步推出

命题 16.1（相似三角形的边边边判定法：对应三边成比例的两个三角形相似）在 $\triangle ABC$ 和 $\triangle XYZ$ 中，若有

$$\frac{a}{x} = \frac{b}{y} = \frac{c}{z}, \tag{16-1}$$

则 $\angle A = \angle X$，$\angle B = \angle Y$，从而 $\triangle ABC \backsim \triangle XYZ$.

证明 记

$$\frac{a}{x} = \frac{b}{y} = \frac{c}{z} = k,$$

由余弦定理得

$$\cos A = \frac{b^2 + c^2 - a^2}{2bc} = \frac{(ky)^2 + (kz)^2 - (kx)^2}{2(ky)(kz)}$$

$$= \frac{y^2 + z^2 - x^2}{2yz} = \cos X, \tag{16-2}$$

从而 $\angle A = \angle X$，同理 $\angle B = \angle Y$，所以 $\triangle ABC \backsim \triangle XYZ$.

命题 16.2（相似三角形的边角边判定法：对应两边成比例且其夹角相等的两个三角形相似） 在 $\triangle ABC$ 和 $\triangle XYZ$ 中，若有

$$\frac{b}{y} = \frac{c}{z} \tag{16-3}$$

且 $\angle A = \angle X$，则 $\triangle ABC \backsim \triangle XYZ$.

证明 记

$$\frac{b}{y} = \frac{c}{z} = k,$$

由余弦定理得

$$a^2 = b^2 + c^2 - 2bc\cos A$$

$$= (ky)^2 + (kz)^2 - 2(ky)(kz)\cos X$$

$$= k^2 x^2, \tag{16-4}$$

于是得 $a = kx$，从而

$$\frac{a}{x} = \frac{b}{y} = \frac{c}{z} = k;$$

由命题 16.1 可得 $\triangle ABC \backsim \triangle XYZ$.

于是，相似三角形判定的问题，基本上都解决了.

【例 16.1】 如图 16-1，分别画在两张方格纸上的两个三角形是否相似？

解 设 $\triangle ABC$ 所在的方格纸上小正方形的边长为 u，$\triangle PQR$ 所在的方格纸上小正方形的边长为 v，应用勾股定理可以求出两个三角形的边长：

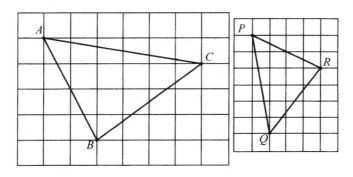

图 16-1

$$AB = \sqrt{(2u)^2 + (4u)^2} = 2\sqrt{5}\,u,$$

$$BC = \sqrt{3^2 + 4^2}\,u = 5u,$$

$$CA = \sqrt{1^2 + 6^2}\,u = \sqrt{37}\,u,$$

$$PR = \sqrt{(2v)^2 + (4v)^2} = 2\sqrt{5}\,v,$$

$$RQ = \sqrt{3^2 + 4^2}\,v = 5v,$$

$$QP = \sqrt{1^2 + 6^2}\,v = \sqrt{37}\,v,$$

因此有

$$\frac{AB}{PR} = \frac{BC}{RQ} = \frac{CA}{QP} = \frac{u}{v}. \tag{16-5}$$

根据相似三角形的边边边判别法，可知 $\triangle ABC \backsim \triangle PRQ$.

【例 16.2】 如图 16-2，$AB = BC = CA = BD = CD$，过 D 作直线和 AB 的延

长线交于 F，和 AC 的延长线交于 E；连 BE 和 CF 交于 G，求 $\angle BGC$ 的大小.

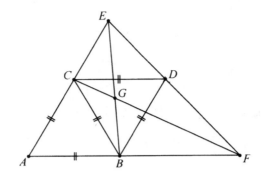

图 16-2

解 根据三角形中等边对等角的性质，可以计算出

$$\angle A = \angle ACB = \angle ABC = \angle DCB = \angle DBC = \angle ECD = \angle FBD = 60°,$$

由此推出 $CD // AF$，$BD // AE$，于是得到

$$\frac{EC}{BC} = \frac{EC}{AC} = \frac{ED}{DF} = \frac{AB}{BF} = \frac{BC}{BF}. \tag{16-6}$$

注意到 $\angle ECB = \angle CBF$，根据相似三角形的边角边判别法，推出 $\triangle ECB \backsim \triangle CBF$，从而 $\angle BEC = \angle FCB$，于是有

$$\angle BGC = \angle BEC + \angle ECF = \angle FCB + \angle ECF = \angle ECB = 120°.$$

习题 16.1 讨论图 16-3 中的两个三角形是否相似，说明你判断的根据.

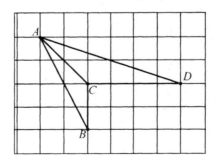

图 16-3

习题 16.2 如图 16-4，已知 $\triangle ABC \backsim \triangle ADE.$ 求证：$\triangle ABD \backsim \triangle ACE.$

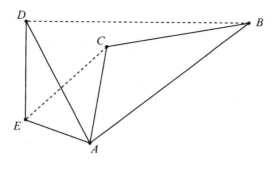

图 16-4

习题 16.3 参看图 6-10，若已知 $PA \cdot PB = PC \cdot PD$，求证：$\angle ADP = \angle CBP$.

17. 全等三角形判定的完全解决

在第七节，我们从相似三角形的角角判别法，推出了

全等三角形的两角一边判定法 若 $\triangle ABC$ 和 $\triangle XYZ$ 中有 $\angle A = \angle X$，$\angle B = \angle Y$，且 $AB = XY$ 或 $AC = XZ$，则 $\triangle ABC \cong \triangle XYZ$.

有了相似三角形的边边边判定法和边角边判定法，取相似比等于 1 的特款，可以得到全等三角形的边边边判定法和边角边判定法.

命题 17.1（全等三角形的边边边判定法：对应三边相等的两个三角形全等）

在 $\triangle ABC$ 和 $\triangle XYZ$ 中。若有 $a = x$，$b = y$，$c = z$，则 $\angle A = \angle X$，$\angle B = \angle Y$，从而 $\triangle ABC \cong \triangle XYZ$.

这就是在小学里都知道的三角形的稳定性，现在终于讲明白了.

命题 17.2（全等三角形的边角边判定法：两边一夹角对应相等的两个三角形全等） 在 $\triangle ABC$ 和 $\triangle XYZ$ 中，若有 $b = y$，$c = z$，且 $\angle A = \angle X$，贝 $\triangle ABC \cong \triangle XYZ$.

全等三角形的判定问题，基本上全部解决了.

说基本上解决，是因为还剩下一个有点拖泥带水的问题：如果两个三角形中对应相等的不是两边一夹角，而是两边一对角，这两个三角形全等吗？如果不总

是全等，它们在什么条件下全等呢？

参看前面解任意三角形时出现的可能有两个解的情形，就能得到解答.

直接应用余弦定理和有关二次方程的知识，也容易解决这个问题.

设在 $\triangle ABC$ 和 $\triangle XYZ$ 中，若有 $b=y$，$c=z$，且 $\angle C=\angle Z$，则对应的第三边 a 和 x 都满足余弦定理确定的等式 $c^2=x^2+b^2-2bx\cos C$，也就是说，a 和 x 都是二次方程

$$x^2-(2b\cos C)\,x+(b^2-c^2)=0 \tag{17-1}$$

的正根. 如果此方程的两根相等，或另一个根非正，就可以断定 $a=x$，从而 $\triangle ABC\cong\triangle XYZ$.

什么条件下，二次方程（17-1）的两根相等，或另一个根非正？

由二次方程求根公式（或判别式），两根相等的充要条件是 $(2b\cos C)^2=4(b^2-c^2)$，整理得到 $c^2=b^2(1-\cos^2 C)$，即

$$c=b\sin C.$$

由二次方程根与系数的关系，另一个根非正的充要条件是 $b^2-c^2\leqslant 0$，即 $b\leqslant c$. 因此得到

命题 17.3（全等三角形的补充判别法） 设在 $\triangle ABC$ 和 $\triangle XYZ$ 中有 $b=y$，$c=z$，且 $\angle C=\angle Z$，则当 $c=b\sin C$ 或 $b\leqslant c$ 时有 $\triangle ABC\cong\triangle XYZ$.

这个补充判别法实际用处不大，但对它的探究有助于锻炼数学功力.

图 17-1（a）和（b）分别说明 $c=b\sin C$ 和 $b\leqslant c$ 的情形. 图 17-2 则说明在其他情形不能断定 $a=x$.

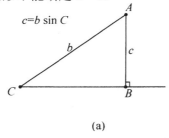

(a)

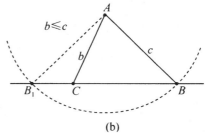

(b)

图 17-1

在图 17-1 的情形，两边 b，c 和 $\angle C$ 可以完全确定 $\triangle ABC$.

在图 17-2 的情形则不然，$\triangle ABC$ 和
$\triangle AB_1C$ 中，$AC = AC$，$AB = AB_1$，$\angle ACB =$
$\angle ACB_1$，但两个三角形并不全等.

在例 13.2 中，求出了由三角形三条边计
算其中线的公式，从而可以推知"全等三角
形的对应中线相等"．现在，不经过具体计
算，也能够证明这个命题了.

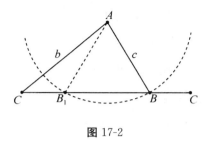

图 17-2

【例 17.1】（全等三角形的对应中线相等）　已知：$\triangle ABC \cong \triangle XYZ$，$M$ 和
N 分别是 BC 和 YZ 的中点，求证：$AM = XN$（图 17-3）.

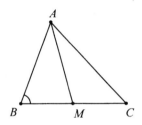 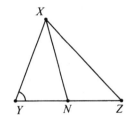

图 17-3

证明　（1）$\triangle ABC \cong \triangle XYZ$（已知）；

（2）$AB = XY$（全等三角形性质，（1））；

（3）$BC = YZ$（全等三角形性质，（1））；

（4）$\angle ABM = \angle XYN$（全等三角形性质，（1））；

（5）$BM = BC/2$，$YN = YZ/2$（已知）；

（6）$BM = YN$（（5），（3））；

（7）$\triangle ABM \cong \triangle XYN$（边角边，（6）、（4）、（2））；

（8）$AM = XN$（全等三角形性质，（7））．证毕.

用全等三角形或相似三角形来研究几何图形的性质，是古典欧氏几何的典型
方法．这种方法有时不像三角方法或面积方法简捷，但常常不用计算而获得结
论，有时显得优美巧妙．例 17.1 和下面两个命题的证明，是按传统几何证明规

范书写的，特点是论理清晰，有条不紊.

【例 17.2】　已知：空间四边形 $ABCD$ 中，$AB=CD$，$AD=BC$；M 和 N 分别是 AC 和 BD 中点. 求证：$MN\perp AC$（图 17-4）.

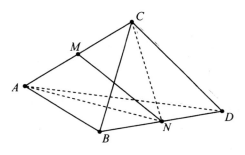

图 17-4

证明　（1）$AB=CD$（已知）；

（2）$AD=CB$（已知）；

（3）$BD=DB$；

（4）$\triangle ABD\cong\triangle CDB$（边边边，（1）～（3））；

（5）N 是 BD 中点（已知）；

（6）$AN=CN$（全等三角形的对应中线，（4）、（5））；

（7）M 是 AC 中点（已知）；

（8）$MN\perp AC$（等腰三角形三线合一，（6）、（7））.

这个题目表面上是立体几何问题，实际上只用平面几何知识就解决了.

【例 17.3】　如图 17-5，已知 $AB=BC=CD$ $=DA=AF=FE=BE=DG=FG$；

求证：$\triangle DBF\cong\triangle EGC$.

证明　（1）$BA=FE$（已知）；

（2）$FA=BE$（已知）；

（3）$BF=FB$；

（4）$\triangle ABF\cong\triangle EFB$（边边边，（1）～（3））；

（5）$\angle ABF=\angle EFB$（全等三角形对应角，（4））；

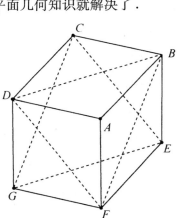

图 17-5

（6）$FE\ /\!/\ AB$（内错角相等两直线平行，（5））；

（7）$AB\ /\!/\ DC$（与（1）～（6）同理）；

（8）$FE\ /\!/\ DC$（平行传递性，（6）、（7））；

（9）$\angle FED = \angle CDE$（两直线平行内错角相等，(8)）；

（10）$FE = CD$（已知）；

（11）$ED = DE$；

（12）$\triangle FED \cong \triangle CDE$（边角边，(9)～(11)）；

（13）$DF = CE$（全等三角形对应边，(12)）；

（14）$DB = GE$（与(1)～(13)同理）；

（15）$BF = CG$（与(1)～(13)同理）；

（16）$\triangle DBF \cong \triangle EGC$（边边边，(13)～(15)）．证毕．

从上面证明过程看到，使用全等三角形方法推理有时是比较繁琐的．后面会看到，建立更多的工具后，此题可以有更简单的解法．使用本丛书中阐述的向量方法（见《绕来绕去的向量法》），则有非常简单的解法．

习题 17.1　设在 $\triangle ABC$ 和 $\triangle XYZ$ 中有 $b = y$，$c = z$，且 $\angle C = \angle Z$ 为钝角，两个三角形是否一定全等？

习题 17.2　若 $\triangle ABC$ 和 $\triangle XYZ$ 的三条中线对应相等，两个三角形是否一定全等？

习题 17.3　如图 17-4，在空间四边形 $ABCD$ 中，M 和 N 分别是 AC 和 BD 的中点．若已知 AB，BC，CD，DA 的长，试证明

$$MN \cdot AC \cdot \cos\angle CMN = \frac{1}{4}(AB^2 - BC^2 - CD^2 + DA^2).$$

18.　三角形中的特殊线和点

到现在为止，我们已经有了不少解决问题的工具．一套是三角方法，即正弦定理和余弦定理；一套是几何方法，即全等三角形和相似三角形方法；还有代数方法，就是一次方程组和一元二次方程的方法；这些方法辅以平行线性质、三角形内角和定理以及共边定理和共角定理等面积方法，能够解决大量的问题．

三角形是平面上的基本图形，很多更复杂的图形可以分解成三角形来研究．三角形看来虽然简单，但它的性质丰富多彩，涉及长度、角度和面积这三种几何

量，可说是"麻雀虽小，五脏俱全"．研究一个三角形的边和角的基本关系，得到正弦定理和余弦定理，研究两个三角形边角之间的关系，得到全等三角形和相似三角形的判定法则．对于一些重要的特殊三角形，主要是直角三角形和等腰三角形，还得到一些重要的结果，如勾股定理、等边对等角、三线合一等．

在三角形中除了边和角，还有一些重要的线段，其中最重要的是高、中线和分角线．

线段有长度，所以第一个要考虑的问题是，知道了三角形的三边长，如何计算高、中线、分角线的长度．总结前面的工作加以完善，得到

命题 18.1 已知 $\triangle ABC$ 的三边 a，b 和 c，则 BC 边上的高 h_a、中线 m_a 和分角线 f_a 的计算公式为（图 18-1）

$$h_a = \frac{\sqrt{4b^2c^2 - (b^2+c^2-a^2)^2}}{2a},\tag{18-1}$$

$$m_a = \frac{\sqrt{2(b^2+c^2)-a^2}}{2},\tag{18-2}$$

$$f_a = \frac{\sqrt{bc((b+c)^2-a^2)}}{b+c}.\tag{18-3}$$

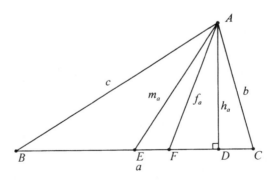

图 18-1

证明 根据三角形面积等于底乘高的一半，结合三斜求积公式（13-14），可得（18-1）式．前面已经证明的公式（13-16），就是（18-2）式．

为了推出（18-3）式，可应用分角线公式（12-11）

$$AF = \frac{2bc\cos\alpha}{b+c}. \tag{18-4}$$

注意到这里 $2\alpha = A$，再从余弦倍角公式 $\cos 2\alpha = 2\cos^2\alpha - 1$（见 12.7 式）中解出 $\cos\alpha$ 后应用余弦定理得

$$\cos\alpha = \sqrt{\frac{1+\cos 2\alpha}{2}} = \sqrt{\frac{1+\cos A}{2}} = \sqrt{\frac{1}{2}\left(1+\frac{b^2+c^2-a^2}{2bc}\right)}$$

$$= \sqrt{\frac{(b+c)^2-a^2}{4bc}}, \tag{18-5}$$

最后将（18-5）式代入（18-4）式，即得要证明的（18-3）式. 证毕.

也可以先用分角线性质（1-10）求出 CF，再在 $\triangle ACF$ 中用余弦定理求出 AF.

根据命题 18.1，立刻推出

命题 18.2 相似三角形对应高之比、对应中线之比和对应分角线之比，都等于其相似比. 作为特款可得：全等三角形的对应高相等，对应中线相等，对应分角线相等.

前面已经分别推出全等三角形的对应高相等（推论 7.2），全等三角形的对应分角线相等（推论 7.3），以及全等三角形的对应中线相等（例 17.1）. 现在从更高一层的观点统一处理，就更易于把握了.

观察图 18-1，看到分角线的位置在高和中线之间. 在三者之间，高最小，而中线最大，这是不是普遍的规律呢？一旦发现了这个现象，论证起来并不难.

命题 18.3 若 $\triangle ABC$ 中 $AB > AC$，BC 边上的高、中线和分角线分别为 AD，AE 和 AF，则分角线 AF 的位置在高 AD 和中线 AE 之间，中线 AE 在 AF 和 AB 之间，且 $AE > AF > AD$（图 18-1）.

证明 （ⅰ）先证中线 AE 在 AF 和 AB 之间.

从 $\angle BAF = \angle FAC$ 和面积公式得到

$$\frac{BF}{FC} = \frac{\triangle BAF}{\triangle FAC} = \frac{AB \cdot AF}{AC \cdot AF} = \frac{AB}{AC}. \tag{18-6}$$

再由条件 $AB > AC$ 推出

$$BF > FC, \tag{18-7}$$

这表明 BC 中点在 F 和 B 之间，即中线 AE 在 AF 和和 AB 之间．

（ⅱ）再证分角线 AF 的位置在高 AD 和中线 AE 之间．

如果 $\angle ACB > 90°$，则 D 在 EFC 的延长线上，结论显然．剩下只要考虑 $\angle ACB$ 为锐角的情形，如图 18-1．由条件 $AB > AC$ 推出 $\angle C > \angle B$，所以

$$\angle CAD = 90° - \angle C < 90° - \angle B = \angle BAD, \tag{18-8}$$

因此

$$\angle CAD < \frac{\angle CAB}{2} = \angle CAF,$$

可见分角线 AF 的位置在高 AD 和中线 AE 之间．

（ⅲ）由（ⅱ）知 $DE > DF$，用勾股定理得

$$AE = \sqrt{AD^2 + DE^2} > \sqrt{AD^2 + DF^2} = AF > AD.$$

即所欲证．

在比较了同一条边上的高、中线和分角线后，下面再来考虑不同边上的高、中线和分角线．

根据三角形面积等于底乘高之半，可知较大边上的高较小；前面提到，大角的分角线较短（习题 12.1），也就是说较大边上的分角线较小；至于中线，根据公式（18-2）可以看出，较大边上的中线较小．这就总结出

命题 18.4 在任意三角形中，较大边上的高、中线和分角线都较小．

在研究了这些特殊线段的长短后，我们把目光转向它们的交点．

如图 18-2，$\triangle ABC$ 的两高 AD 和 BE 交于 P．在例 12.2 中，求出了比值 AP/AD，从而在习题 12.2 中推出三角形的三高交于一点．下面我们用不同的方法计算比值 AP/AD，给出三高交于一点的证明．

命题 18.5 设 $\triangle ABC$ 的两高 AD 和 BE 交于 P，则

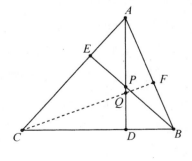

图 18-2

$$\frac{AP}{PD}=\frac{\cos A}{\cos B \cdot \cos C}. \tag{18-9}$$

证明 应用共边定理得

$$\frac{AP}{PD}=\frac{\triangle ABE}{\triangle DBE}=\frac{AE \cdot BE}{BD \cdot BE \cdot \sin \angle EBC}$$

$$=\frac{AB \cdot \cos A}{AB \cdot \cos B \cdot \cos C}=\frac{\cos A}{\cos B \cdot \cos C},$$

证毕.

于是立刻得到

命题 18.6 三角形的三高交于一点.

证明 如图 18-2,设 AB 上的高 CF 和 AD 交于点 Q,只要证明 Q 和 P 是同一个点,即证明

$$\frac{AQ}{QD}=\frac{AP}{PD}.$$

用命题 18.5 计算这两个比值得到

$$\frac{AQ}{QD}=\frac{\cos A}{\cos B \cdot \cos C}=\frac{AP}{PD}. \tag{18-10}$$

这就证明了所要的结论.

此结论也可以利用(13-12)式,如图 18-3,通过计算四边形 $ACBP$ 各边平方的和差来验证其对角线是否相互垂直.

用命题 18.5 和 18.6 同样的模式,可以证明三中线交于一点,以及三条分角线交于一点.

命题 18.7 设 $\triangle ABC$ 的两条中线 AD 和 BE 交于 P,则

$$\frac{AP}{PD}=2. \tag{18-11}$$

证明 如图 18-4,应用共边定理得

$$\frac{AP}{PD}=\frac{\triangle ABE}{\triangle DBE}=\frac{\triangle CBE}{\triangle DBE}=\frac{BC}{BD}=2,$$

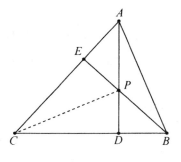

图 18-3

证毕.

于是立刻得到

命题 18.8 三角形的三中线交于一点.

证明 如图 18-4，设 AB 上的中线 CF 和
AD 交于点 Q，只要证明 Q 和 P 是同一个点，
即证明

$$\frac{AQ}{QD}=\frac{AP}{PD}.$$

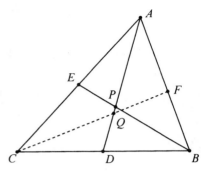

图 18-4

用命题 18.7 计算这两个比值得到

$$\frac{AQ}{QD}=2=\frac{AP}{PD}, \tag{18-12}$$

这就证明了所要的结论.

命题 18.9 设 $\triangle ABC$ 的两条分角线 AD 和 BE 交于 P，则

$$\frac{AP}{PD}=\frac{AB+BC}{BC}. \tag{18-13}$$

证明 如图 18-5，应用共边定理和分角线性质（习题 1.4）得

$$\frac{AP}{PD}=\frac{\triangle ABE}{\triangle DBE}=\frac{\triangle ABE}{\triangle BCE}\cdot\frac{\triangle BCE}{\triangle DBE}=\frac{AE}{CE}\cdot\frac{(BD+CD)}{BD}$$

$$=\frac{AB}{BC}\cdot\frac{(AB+BC)}{AB}=\frac{AB+BC}{BC},$$

证毕.

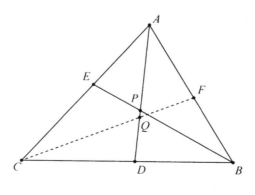

图 18-5

于是立刻得到

命题 18.10 三角形的三条分角线交于一点.

证明 [方法 1] 如图 18-5,设 $\angle C$ 的分角线 CF 和 AD 交于点 Q,只要证明 Q 和 P 是同一个点,即证明

$$\frac{AQ}{QD} = \frac{AP}{PD}.$$

用命题 18.9 计算这两个比值得到

$$\frac{AQ}{QD} = \frac{AB+AC}{BC} = \frac{AP}{PD}, \tag{18-14}$$

这就证明了所要的结论.

[方法 2] 利用例 5.4 中的结论,分角线上的点到角的两边距离相等,则 $\angle A$ 和 $\angle B$ 两个角的分角线的交点 P 到三角形三边距离相等,从而到 $\angle C$ 两边距离相等.再利用例 5.4 中的结论,角内到角的两边距离相等的点在分角线上,所以 P 也在 $\angle C$ 的分角线上.即三角形三条分角线交于一点,进一步还知道此点到三角形三边的距离相等.

三角形的三高的交点叫做该三角形的垂心;三中线的交点叫做该三角形的重心;三条分角线的交点叫做三角形的内心.垂心、重心和内心都叫做三角形的巧合点.

显然,重心和内心都在三角形的内部;垂心可能在三角形的外部;而直角三角形的垂心就是直角的顶点.

一般说来,若三条直线交于一点,则称此三线共点.

从三高共点、三中线共点和三条分角线共点的事实,容易提出这样的问题:分别从三角形顶点到对边上某点作直线,什么条件下所作的三线共点呢?下面的命题对此给出一般的回答.

命题 18.11(塞瓦定理) 在 $\triangle ABC$ 的三边 BC,CA 和 AB 上分别取点 D,E 和 F,则 AD,BE 和 CF 三直线共点的充分必要条件是

$$\frac{AF}{FB} \cdot \frac{BD}{DC} \cdot \frac{CE}{EA} = 1. \tag{18-15}$$

证明 必要性：若三直线共点，如图 18-6. 根据共边定理得到

$$\frac{AF}{FB}\cdot\frac{BD}{DC}\cdot\frac{CE}{EA}=\frac{\triangle PAC}{\triangle PCB}\cdot\frac{\triangle PBA}{\triangle PAC}\cdot\frac{\triangle PCB}{\triangle PBA}=1,$$

必要性证毕.

充分性：若等式（18-15）成立，如图 18-7，设 AD 和 BE 交于 P，AD 和 CF 交于 Q，要证明的是 P 和 Q 重合，也就是

$$\frac{AP}{PD}=\frac{AQ}{QD},$$

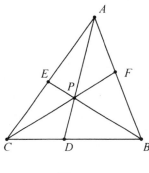

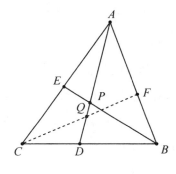

图 18-6   图 18-7

即

$$\frac{PD}{AP}\cdot\frac{AQ}{QD}=1.$$

根据共边定理得到

$$\frac{PD}{AP}\cdot\frac{AQ}{QD}=\frac{\triangle BDE}{\triangle BAE}\cdot\frac{\triangle ACF}{\triangle CDF}=\frac{\triangle BDE}{\triangle BCE}\cdot\frac{\triangle BCE}{\triangle BAE}\cdot\frac{\triangle ACF}{\triangle CBF}\cdot\frac{\triangle CBF}{\triangle CDF}$$

$$=\frac{BD}{BC}\cdot\frac{CE}{EA}\cdot\frac{AF}{FB}\cdot\frac{BC}{DC}=1,$$

充分性得证.

习题 18.1 利用中线公式（18-2），推出"直角三角形斜边上的中线等于斜边的一半".

习题 18.2 设 $\triangle ABC$ 的中线 AD 和分角线 BE 交于点 P，试把比值 AP/PD 和 BP/BE 用三角形的边和角表示出来.

习题 18.3 三中线对应相等的两个三角形是否全等？证明你的结论.

习题 18.4　三高对应相等的两个三角形是否全等？证明你的结论．

习题 18.5　用塞瓦定理验证三角形的三高共点、三中线共点和三条分角线共点．

第三站小结

这一站，是大丰收．

大量的新知识涌现出来，使我们的眼界更开阔，使我们的认识更完善了．

通向丰收的重要枢纽，是余弦和余弦定理．

余弦是什么？它不过是"余角的正弦"的简单称呼．引进一个简单的称呼，居然带来这么多的好处，实在出乎意料．

在数学里，概念和符号的引进，作用实在非同一般．

余弦的性质，最重要的是单调性和取值范围：当 $\angle A$ 从 0 增长到 π 时（即从 0°增大到 180°时），$\cos A$ 从 1 减小到 -1．这样，在 0°到 180°范围，角越大余弦就越小，角不相等其余弦也不相等，余弦相等则角也相等．特别地，$\angle A$ 为直角的充分必要条件是 $\cos A = 0$．知道了 $\angle A$ 的正弦不能确定 $\angle A$ 的大小，因为互补角的正弦相等；而知道了 $\angle A$ 的余弦就确定 $\angle A$ 的大小，因为互补角的余弦互为相反数；这是余弦的最大的好处．

余弦定理的推导，用到了三元一次方程组．余弦定理的应用，涉及一元二次方程．三角、代数和几何，紧密地联系起来了．

余弦定理有多种证明方法，值得玩味．

余弦定理和正弦定理相互配合，完全解决了解任意三角形的问题；完全解决了相似三角形的判定问题；完全解决了全等三角形的判定问题．

现在，我们已经有了三套处理几何问题的基本工具．一套是面积方法的工具，就是共高定理、共角定理和共边定理；一套是三角方法的工具，就是正弦定理、余弦定理和正弦和角公式；还有一套是几何方法的工具，就是全等三角形和

相似三角形；这三套工具，再辅以平行线性质、三角形内角和定理、三角形边角关系以及勾股定理，用来解决有关直线构成的图形的常见问题，大体上是够用了．

　　三角形的高、中线和分角线，常常在几何问题中出现，是三种重要的线段．有关它们的性质前面零零星星多次提到．本站在最后一节做了系统的总结，给出了它们长度的计算方法，比较了它们的位置和大小，确定了它们交点的位置，证明了它们的"三线共点"性质，并且给出了一般情形下三线共点的充分必要条件，其中多次使用共边定理推导线段比值的方法，值得体会揣摩．

　　下面，我们乘胜前进，用这些工具来研究四边形．

19. 简单多边形和凸多边形

下面的文字要仔细读，不仅是理解其含义，更重要的是从中学习如何一步一步地把事情交代清楚．

有限个点按给定顺序用线段联结起来，构成一条折线．把一条折线的首尾两点也用线段联结，就成了一个多边形．这些线段叫做多边形的边，边的端点叫做多边形的顶点．同一条边的两个端点，叫做相邻的顶点．具有一个公共端点的两条边，叫做相邻的边．联结多边形的两个不相邻的顶点的线段，叫做多边形的对角线．多边形各边长度的和，叫做多边形的周长．多边形所有边上的点，组成多边形的边界．

通常用大写英文字母表示多边形的顶点．把表示顶点的字母顺次连续排列在一起，就是多边形的名字．在多边形名字中相邻的字母表示相邻的顶点，第一个字母和末尾的字母也表示相邻的顶点．名字的开头可以是任意一个顶点的字母．例如，图 19-1 中用实线表示的多边形可记作 $ABCDE$，或 $AEDCB$，或 $DCBAE$，$DEABC$ 等都可以，但不能写成 $ACEBD$．如果写成 $ACEBD$，就是图

中虚线所表示的五星样子的多边形了.

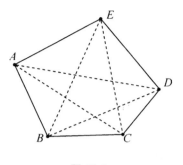

图 19-1

一个多边形至少有三条边. 有 n 条边的多边形叫做 n 边形，如四边形、五边形、六边形等. 但有三条边的通常不叫做三边形，而叫做三角形.

多边形的边可能互相交叉，也可能有部分重合，甚至可能有两条或更多的边有公共的顶点，如图 19-2 所示.

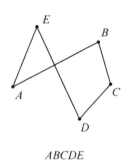

$ABCDE$

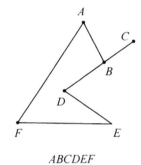

$ABCDEF$

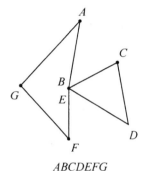

$ABCDEFG$

图 19-2

研究问题要从比较简单的情形入手. 我们先不必考虑图 19-2 那些奇形怪状的多边形，只讨论平面上的简单的多边形. 什么样的多边形算是简单的多边形呢? 我们给出

定义 19.1 如果一个多边形的每条边只和两条边有公共点，而且这公共点一定是端点，就称这样的多边形为简单多边形.

图 19-3 画出了四个简单多边形.

一个简单多边形，把平面上的点分成了三个部分：多边形外部的点，多边形内部的点以及多边形边界上的点. 内部部分的大小，可以用这个多边形的面积来表示. 简单 n 边形总可以分割成 $n-2$ 个三角形，这些三角形的面积之和等于此多边形的面积.

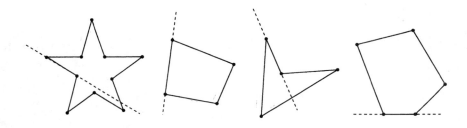

图 19-3

在简单多边形中更简单的，是凸多边形，其定义如下：

定义 19.2 如果一个多边形的每条边所在的直线都不穿过该多边形的内部，也就是说多边形的其他边都在这条直线的同侧，则称此多边形为凸多边形，否则，叫做凹多边形．

通常教科书上说到的多边形，如无特别说明，都是凸多边形．本书以后提到的多边形，如无特别说明，也指凸多边形．

在图 19-3 中，有两个凸多边形，两个凹多边形．

多边形相邻两边组成的角，叫做多边形的内角，简称为多边形的角．具有公共边的两个角叫做邻角．多边形内角的邻补角，叫做多边形的外角．多边形的一个内角有两个外角，它们是对顶角，大小相等．一个多边形的边数、顶点数和内角数都相等．

如图 19-4，将 n 边形的一个顶点和其余的 $n-$ 1 个顶点联结，得到 $n-1$ 条线段．这 $n-1$ 条线段中，有两条是多边形的边，其余 $n-3$ 条是对角线 ．对 n 个顶点都这样计算后相加，得数是 n（$n-$ 3），再考虑到其中每条对角线都被计算了两次，就得到

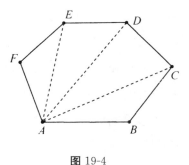

图 19-4

命题 19.1 边数为 n 的多边形，其对角线数为

$$\frac{1}{2}n\ (n-3)\ .$$

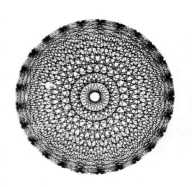

画几个多边形，作出它们的对角线数一数，可以验证命题 19.1 中的计算公式．四边形只有 2 条对角线；五边形 5 条；六边形 9 条；七边形 14 条；八边形 20 条．这些情形都能够在图上用手指数出来，和用公式计算结果一致，看不出公式有多大好处．可是边比较多时，就看不清楚了．如图 19-5，画出了一个二十五边形和它的所有对角线，你能够数出来有多少条对角线吗？使用公式，轻松得出结论：

图 19-5

二十五边形有 $11 \times 25 = 275$ 条对角线．这就是数学演绎推理的好处，是理性思维的力量．

从图 19-4 看出，以同一个顶点为端点的 $n-3$ 条对角线，把 n 边形分成 $n-2$ 个三角形．这 $n-2$ 个三角形的内角和加起来，就是 n 边形的 n 个内角之和．于是有

命题 19.2（多边形内角和定理） 边数为 n 的多边形，其内角和等于 $n-2$ 个平角．特别地，四边形的内角和等于 $360°$．

由于每个顶点处的内角与外角之和为 $180°$，故 n 边形的 n 个内角与 n 个外角之和等于 n 个平角．从这 n 个平角中减去内角和 $n-2$ 个平角，得到 n 个外角之和为 2 个平角，即

命题 19.3（多边形外角和定理） 任意多边形外角和等于 $360°$．

外角和定理比内角和定理更简明，它有鲜明的直观意义．设想一辆汽车在多边形的边界上兜圈子，如图 19-6，每经过一个顶点，前进的方向就要改变一次，而改变的角度恰好是这个顶点处的外角，绕了一圈，回到原处，方向与出发时一致了，角度改变量之和当然是一个周角，即 $360°$，或 2π.

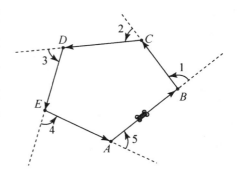

图 19-6

【例 19.1】 一个多边形的内角和比外角和大 $540°$，问此多边形有多少个顶点？

解 设此多边形顶点个数为 n，根据多边形内角和定理和外角和定理，由题设条件得

$$(n-2) \cdot 180° - 360° = 540°, \quad (19\text{-}1)$$

解得 $n=7$，即这个多边形有 7 个顶点．

【例 19.2】 已知四边形 $ABCD$ 中，$\angle ABC = \angle ADC = 90°$；对角线 AC 和 BD 交于 P（图 19-7）．

求证：$AB \cdot AD \cdot CP = CB \cdot CD \cdot AP.$

证明 由多边形内角和定理得

$$\angle BAD + \angle BCD + \angle ABC + \angle ADC = 2 \times 180° = 360°.$$

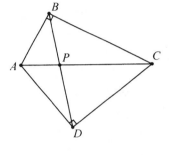

$$(19\text{-}2)$$

根据题设条件

$$\angle BAD + \angle BCD = 360° - 90° - 90° = 180°.$$

$$(19\text{-}3)$$

图 19-7

应用共边定理和共角定理得到

$$\frac{AP}{CP} = \frac{\triangle BAD}{\triangle BCD} = \frac{AB \cdot AD}{CB \cdot CD},$$

所以

$$AB \cdot AD \cdot CP = CB \cdot CD \cdot AP,$$

证毕．

习题 19.1 一个多边形的内角和等于外角和的 2 倍，它有几条对角线？

习题 19.2 一个多边形的内角和是外角和的 3 倍，它的内角和是多少？

习题 19.3 一个多边形的对角线数目是边数的 7 倍，它有多少条边？

习题 19.4 用一批大小形状都一样的四边形木板，可以拼合成大面积的地板吗？剪一些纸片试试看，或用超级画板作动态图形观察探索．想想这用到了四边形的什么性质？

20．平行四边形的性质和判定

两组对边分别相互平行的四边形，叫做平行四边形，这是最重要的一类四边形．

平行四边形 $ABCD$ 可以简记为$\square ABCD$，读作"平行四边形 $ABCD$"．

观察图 20-1. 在平行四边形 $ABCD$ 中，由 $AB/\!/$ DC 得知$\angle A$ 与$\angle D$ 互补，$\angle B$ 与$\angle C$ 互补；由 $AD/\!/$ BC 得知$\angle A$ 与$\angle B$ 互补，$\angle C$ 与$\angle D$ 互补；又因为 $\angle B$ 和$\angle D$ 都与$\angle A$ 互补，所以$\angle B=\angle D$；同理有 $\angle A=\angle C$.

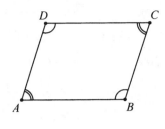

图 20-1

于是得到

命题 20.1（平行四边形性质定理 1） 平行四边形的相邻两角互补，对角相等．

从角之间的关系得到边之间的关系，就是

命题 20.2（平行四边形性质定理 2） 平行四边形的对边相等．

已知四边形 $ABCD$ 是平行四边形，求证 $AB=$ CD，$AD=BC$.

证明 ［方法 1］联结 BD，如图 20-2，则有

（1） $ABCD$ 是平行四边形（已知）；

（2） $\angle A=\angle C$（平行四边形对角相等，(1)）；

（3） $\angle ABD=\angle CDB$（平行线的内错角相等，(1)）；

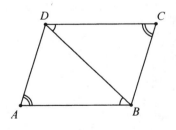

图 20-2

（4） $BD=DB$；

（5） $\triangle ABD\cong\triangle CDB$（两角一边，(2) ～ (4)）；

（6） $AB=CD$，$AD=BC$（全等三角形对应边，(5)）．证毕．

［方法 2］联结 BD，如图 20-2，则有

(1) $ABCD$ 是平行四边形（已知）；

(2) $\angle A = \angle C$（平行四边形对角相等，(1)）；

(3) $\angle ABD = \angle CDB$（平行线的内错角相等，(1)）；

(4) $\triangle ABD \backsim \triangle CDB$（相似三角形角角判定法，(2)、(3)）；

(5) $\dfrac{AB}{CD} = \dfrac{AD}{BC} = \dfrac{BD}{DB} = 1$（相似三角形对应边，(4)）. 证毕.

［方法 3］联结 BD，如图 20-2，则有

(1) $ABCD$ 是平行四边形（已知）；

(2) $\angle A = \angle C$（平行四边形对角相等，(1)）；

(3) $\angle ABD = \angle CDB$（平行线的内错角相等，(1)）；

(4) $\angle ADB = \angle CBD$（三角形内角和定理，(2)、(3)）；

(5) $\dfrac{\sin\angle ABD}{AD} = \dfrac{\sin\angle BDA}{AB} = \dfrac{\sin\angle BAD}{BD}$（正弦定理）；

(6) $\dfrac{\sin\angle CDB}{BC} = \dfrac{\sin\angle CBD}{CD} = \dfrac{\sin\angle DCB}{DB}$（正弦定理）；

(7) $\dfrac{AD}{BC} = \dfrac{AB}{CD} = \dfrac{BD}{DB} = 1$（(5) 与 (6) 相比，用 (2)、(3)、(4) 化简）. 证毕.

［方法 4］联结 BD，如图 20-2，则有

(1) $ABCD$ 是平行四边形（已知）；

(2) $\angle A = \angle C$（平行四边形对角相等，(1)）；

(3) $\angle ABD = \angle CDB$（平行线的内错角相等，(1)）；

(4) $\dfrac{AB \cdot AD}{BC \cdot CD} = \dfrac{\triangle ABD}{\triangle CDB} = \dfrac{AB \cdot BD}{DC \cdot BD}$（共角定理，(2)、(3)）；

(5) $AD = BC$（化简 (4)）；

(6) $AB = CD$（与 (1) ～ (5) 同理）. 证毕.

［方法 5］ (1) $ABCD$ 是平行四边形（已知）；

(2) $\triangle BAC = \triangle BCD = \triangle DCA$（平行线面积性质，(1)）；

(3) $\angle BAC = \angle DCA$（平行线的内错角相等，(1)）；

(4) $\dfrac{AB \cdot AC}{CD \cdot AC} = \dfrac{\triangle BAC}{\triangle DCA} = 1$（共角定理，(3)；用 (2) 化简）；

（5）$AB=CD$，同理得 $BC=AD$（化简（4））．证毕．

对这样一个简单的结论，我们详细写出了多种证明方法，是为了说明不同方法的相通之处．这些证法表明，全等三角形的角角边判定法、相似三角形的角角判定法、正弦定理以及共角定理，这几种方法本质上是一致的．从证明的复杂程度看，几种方法差不多．但是，用共角定理和面积性质时，需要的预备知识最少，只用本书的第一节就够了，特别是最后的这个证明方法，不但预备知识用得少，也很简捷，值得提倡发扬．

在图 20-2 上添加一条对角线，就是图 20-3．直观看来，两条对角线的交点也就是两条对角线的中点，这确实不错．容易证明

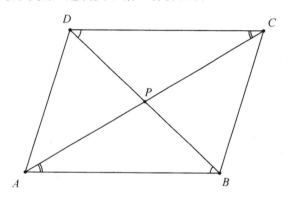

图 20-3

命题 20.3（平行四边形性质定理 3）　平行四边形的两条对角线相互平分．

已知　$ABCD$ 是平行四边形，P 是其对角线 AC 和 BD 的交点（如图 20-3）．

求证：$AP=PC$，$BP=PD$．

证明　[方法 1]（1）$ABCD$ 是平行四边形（已知）；

（2）$\angle PDC=\angle PBA$（内错角，（1））；

（3）$\angle PCD=\angle PAB$（内错角，（1））；

（4）$AB=CD$（平行四边形对边相等，（1））；

（5）$\triangle PCD\cong\triangle PAB$（角边角，（2）～（4））；

（6）$AP=PC$，$BP=PD$（全等三角形的对应边，（5）），证毕.

［方法 2］（1）$ABCD$ 是平行四边形（已知）；

（2）$\triangle BAC=\triangle BCD=\triangle DCA$（平行线面积性质（命题 1.9），（1））；

（3）$\dfrac{BP}{PD}=\dfrac{\triangle BAC}{\triangle DCA}=1$（共边定理，用（2）化简）；

（4）$BP=PD$（由（3）），同理 $AP=PC$. 证毕.

两种证明方法相比，使用共边定理要简捷一些，需要的知识也少，而且还更为严谨. 因为前一种证明中用到两个角是内错角，这是看图看出来的，不是推理推出来的. 认真讲究起来，为何是内错角也是可以推证的，不过有点繁琐，大家就默认了.

上面三个命题一言以蔽之，就是平行四边形邻角互补、对角相等、对边相等、对角线相互平分.

把这些命题的条件和结论对调，就得到平行四边形的判定定理.

命题 20.4（平行四边形判定定理 1） 有一个角和它的两邻角都互补的四边形是平行四边形.

已知在四边形 $ABCD$ 中，$\angle A$ 与 $\angle B$ 互补，$\angle A$ 与 $\angle D$ 互补（参看图 20-1）.

求证：四边形 $ABCD$ 是平行四边形.

证明 （1）$\angle DAB$ 与 $\angle ABC$ 互补（已知）；

（2）$AD\parallel BC$（同旁内角互补则两直线平行，（1））；

（3）$\angle DAB$ 与 $\angle CDA$ 互补（已知）；

（4）$AB\parallel CD$（同旁内角互补则两直线平行，（3））；

（5）四边形 $ABCD$ 是平行四边形（定义，（2）、（4））. 证毕.

上面几个命题的表述和证明，是规规矩矩写出来的，这样写眉目清楚，推理步骤严密，是几何证明的经典形式. 通常为了简捷省事，就不这样一板一眼地写了. 前面不少命题的推证，用的是简便表述的方式，只要把道理说明白就行了.

命题 20.5（平行四边形判定定理 2） 两组对角分别相等的四边形是平行四边形.

证明　如图 20-1，若四边形 $ABCD$ 中有 $\angle A=\angle C$，并且 $\angle B=\angle D$，由多边形内角和定理得

$$\angle A+\angle B+\angle C+\angle D=2\pi,\tag{20-1}$$

便得

$$\angle A+\angle B=\angle B+\angle C=\pi,\tag{20-2}$$

即 $\angle B$ 与两邻角互补；由平行四边形判定定理 1，$ABCD$ 是平行四边形．证毕．

命题 20.6（平行四边形判定定理 3）　两组对边分别相等的四边形是平行四边形．

证明　如图 20-2，联结 BD；在 $\triangle ABD$ 和 $\triangle CDB$ 中，由条件 $AB=CD$，$BC=AD$ 和公共边 BD，根据全等三角形的边边边判定法可得 $\triangle ABD\cong\triangle CDB$，从而 $\angle A=\angle C$；同理有 $\angle ABC=\angle CDA$．由平行四边形判定定理 2，$ABCD$ 是平行四边形．证毕．

命题 20.7（平行四边形判定定理 4）　对角线相互平分的四边形是平行四边形．

证明　如图 20-3，在 $\triangle ABP$ 和 $\triangle CDP$ 中，由条件 $AP=CP$，$BP=DP$ 和对顶角 $\angle APB=\angle CPD$，根据全等三角形的边角边判定法可得 $\triangle ABP\cong\triangle CDP$，从而 $AB=CD$；同理有 $BC=AD.$ 由平行四边形判定定理 3，$ABCD$ 是平行四边形．证毕．

命题 20.8（平行四边形判定定理 5）　有一组对边平行且相等的四边形是平行四边形．

证明　如图 20-2，设 $AB=CD$ 且 $AB\parallel CD$，则在 $\triangle ABD$ 和 $\triangle CDB$ 中，由条件 $AB=CD$、内错角 $\angle ABD=\angle CDB$ 和公共边 $BD=DB$，根据全等三角形的边角边判定法可得 $\triangle ABD\cong\triangle CDB$，从而 $AD=CB$；由平行四边形判定定理 3，$ABCD$ 是平行四边形．证毕．

命题 20.9（平行四边形判定定理 6）　两条对角线都平分其面积的四边形是平行四边形．

这个命题可以从平行线的面积判定法（命题 1.9）直接推出．证明从略．

我们把某种图形独有的性质叫做这种图形的特征性质．既然是独有的性质，也就可以作为识别这种图形的判定条件．也就是说，特征性质既是性质又是判定条件．把上面的平行四边形的性质定理和判定定理综合起来，可以整理出平行四边形的特征性质：

命题 20.10 下列每一条都是平行四边形的特征性质：

（1）两组对边分别平行；

（2）两组对边分别相等；

（3）一组对边平行且相等；

（4）有一角和两邻角都互补；

（5）两组对角分别相等；

（6）两条对角线互相平分；

（7）两条对角线都平分其面积．

任一个四边形，只要满足上述七条中的某一条，就一定是平行四边形，而且也就满足其余的六条．这样，就可以简明而全面地掌握平行四边形的有关定理．

【例 20.1】 在 $\Box ABCD$ 两边 AB 和 BC 上分别向外作等边三角形 ABE 和 BCF（图 20-4）．

求证：$\triangle DEF$ 是正三角形．

证明 在 $\triangle ADE$，$\triangle BFE$ 和 $\triangle CFD$ 中，

（1）$AD = BF = CF$（平行四边形对边相等，$\triangle BCF$ 是等边三角形）；

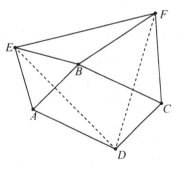

图 20-4

（2）$\angle DAE = \angle FBE = \angle FCD$

（$\angle DAE = \angle DAB + 60° = \angle DCB + 60° = \angle FCD$

$\angle FBE = 360° - 120° - \angle ABC = 240° - (180° - \angle DAB) = 60° + \angle DAB$）；

（3）$AE = BE = CD$（平行四边形对边相等，$\triangle ABE$ 是等边三角形）；

（4）$\triangle ADE \cong \triangle BFE \cong \triangle CFD$（边角边，（1）～（3））；

（5）$DE = EF = FD$（全等三角形的对应边，（4））．证毕．

【例 20.2】 已知 $ABCD$ 是平行四边形，M 是其对角线 AC 和 BD 的交点．过 M 的一条直线分别与 AD 和 BC 交于 P 和 Q（如图 20-5）．

求证：AQ 和 PC 平行且相等．

证明 根据共边定理、平行线面积性质和平行四边形对角线相互平分得

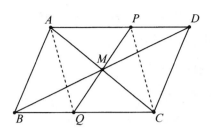

图 20-5

（1）

$$\frac{PM}{QM} = \frac{\triangle PAC}{\triangle QAC} \text{（共边定理）}$$

$$= \frac{\triangle PAQ}{\triangle PCQ} \text{（平行线面积性质）}$$

$$= \frac{AM}{CM} \text{（共边定理）}$$

$$= 1 \text{（平行四边形对角线相互平分），}$$

即 $PM = QM$，$AM = CM$；

（2）$AQCP$ 是平行四边形（对角线相互平分的四边形是平行四边形，（1））；

（3）AQ 和 PC 平行且相等（平行四边形对边平行且相等，（2））．证毕．

习题 20.1 如图 20-6，$\square ABCD$ 的两条对角线交于 O，点 M 和 N 分别是 OA 和 OC 的中点．求证：$\angle BMD = \angle BND$.

习题 20.2 如图 20-7，自 $\square ABCD$ 的两顶点 A 和 C 分别向 BC 和 AD 作垂足 E 和 F，并作出所有点和点之间的线段．请找出图中每一对全等三角形．

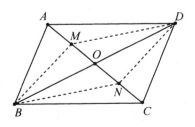

图 20-6

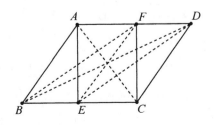

图 20-7

习题 20.3 设 A，B，C，D 是平面上任意四点，线段 AB，BC，CD，DA 的中点顺次为 F，G，H，E；直线 EG 和 FH 相交于 M．求证：M 是 EG 和 FH 的中点（图 20-8）．

习题 20.4 如图 20-9，已知 $\triangle ABC \backsim \triangle ECD \backsim \triangle FBD$ 两两相似．求证：$ACEF$ 是平行四边形．

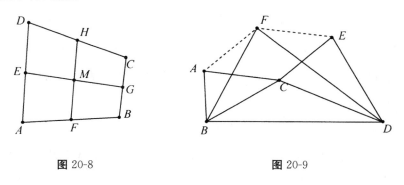

图 20-8   图 20-9

21. 特殊的平行四边形

我们熟悉的矩形、菱形和正方形，都是特殊的平行四边形．

矩形即长方形．长方形的四个角都是直角，两组对角当然相等，所以必然是平行四边形．想要平行四边形四个角都是直角，只要有一个角是直角就够了．

所以，也可以说有一个角是直角的平行四边形是矩形．

矩形除了具有平行四边形的性质外，还有自己的特殊性质．这些特殊性质可以归结为

命题 21.1（矩形的特征性质定理） 矩形有下列特征性质：

（1）是具有一个直角的平行四边形；

（2）四个角都是直角（当然有三个是直角也够了）

（3）是两条对角线相等的平行四边形；

（4）两条对角线相等且互相平分．

上述性质中，需要证明的只是

"矩形的对角线相等；反之，对角线相等的平行四边形是矩形"．

如图 21-1，若 $ABCD$ 为矩形，则由 $AB=CD$，$\angle ABC=\angle DCB$ 以及公共边 BC 得知 $\triangle ABC$ 和 $\triangle DCB$ 全等（边角边），从而 $AC=BD$. 这证明了矩形对角线相等．

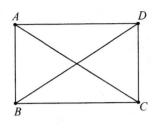

图 21-1

直接用勾股定理计算，也能推出 $AC=BD$.

反过来，若在平行四边形 $ABCD$ 中有 $AC=BD$，由 $AB=CD$ 以及公共边 BC 也推出 $\triangle ABC$ 和 $\triangle DCB$ 全等（边边边），从而 $\angle ABC=\angle DCB$. 再由平行四边形邻角互补推出这两个角都是直角．这证明了对角线相等的平行四边形是矩形．

直接用余弦定理，也能推出 $\angle ABC=\angle DCB$.

另一种常见的特殊的平行四边形是菱形．我们菱形对并不陌生，当初曾经用单位菱形的面积定义正弦．

通常是说，四边相等的四边形叫菱形．也可以说，有一组邻边相等的平行四边形是菱形．这是因为平行四边形对边相等，所以有一组邻边相等的平行四边形也就是四边相等的平行四边形．反过来，四边相等当然对边相等，所以菱形也是平行四边形．

矩形的主要特征在对角线，菱形的主要特征也在对角线．

命题 21.2 菱形的对角线互相垂直，并且每条对角线平分一组对角．

证明很简单．如图 21-2，设菱形 $ABCD$ 的两条对角线交于点 E，则 BE 是

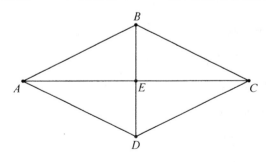

图 21-2

等腰三角形 ABC 的底边 AC 上的中线. 根据等腰三角形三线合一的性质, BE 也是底边 AC 上的高, 这表明两条对角线互相垂直; BE 又是顶角 ABC 的分角线, 同理 DE 是 $\angle ADC$ 的分角线. 这表明每条对角线平分一组对角.

反过来容易看到, 若在图 21-2 中不设 $ABCD$ 是菱形, 而设 AC 和 BD 相互垂直平分. 由垂直平分线的性质(命题 9.5)得 $AB=BC=CD=DA$, 这证明了

命题 21.3 对角线互相垂直平分的四边形是菱形.

从另一方面看, 如图 21-3, 如果在四边形 $ABCD$ 中对角线 AC 平分 $\angle BAD$ 和 $\angle BCD$, 并且对角线 BD 平分 $\angle ABC$ 和 $\angle ADC$, 则由角边角判定法得 $\triangle ABD \cong \triangle CBD$ 并且 $\triangle ABC \cong \triangle ADC$, 于是 $AB=BC=CD=DA$, 从而有

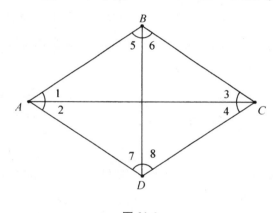

图 21-3

命题 21.4 对角线分别平分两组对角的四边形是菱形.

总结起来, 得到菱形的特征性质:

命题 21.5(菱形特征性质定理) 菱形具有下列特征性质:

(1) 有一组邻边相等的平行四边形;

(2) 四边相等;

(3) 对角线互相垂直的平行四边形;

(4) 对角线互相垂直平分;

(5) 两条对角线分别平分两组对角.

根据菱形对角线互相垂直的性质, 可以推出"菱形面积等于两对角线乘积之

半"，但这不是菱形的特征性质，对角线互相垂直的四边形都有这个性质．

如果菱形的一个角是直角，那么它的四个角都是直角，这样的菱形是正方形．正方形是我们最熟悉的几何图形之一．在小学里就知道，正方形四边相等、四个角都是直角、面积等于边长的平方等等．现在，在研究了平行四边形的性质后，也可以联系着平行四边形来定义正方形：有一组邻边相等并且有一角为直角的平行四边形叫做正方形．

也可以说，有一组邻边相等的矩形是正方形；正方形是菱形又是矩形；既是菱形又是矩形的四边形是正方形．

总结起来得到：

命题 21.6（正方形特征性质定理） 正方形有下列特征性质：

（1）四边相等，且四个角都是直角（当然，一个直角就够了）；

（2）两条对角线相互垂直平分并且相等；

（3）是有一个直角的菱形；

（4）是有一组邻边相等的矩形；

（5）是菱形又是矩形．

【例 21.1】 如图 21-4，已知矩形 $ABCD$ 的一条对角线 $AC=12$，它和矩形一边所成的 $\angle BAC=15°$．求此矩形的面积．

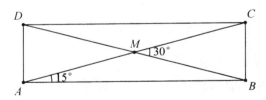

图 21-4

解 设 M 是两条对角线的交点．由矩形性质可知 $MA=MB$，所以 $\angle MBA=\angle MAB=15°$．因三角形外角等于两内对角之和，得 $\angle BMC=30°$，从而得到

$$\triangle BMC=\frac{1}{2}BM \cdot CM \cdot \sin 30°=\frac{6\times 6\times 0.5}{2}=9.$$

于是矩形 $ABCD$ 面积为 $4\times 9=36$．

【例 21.2】 如图 21-5，已知四边形 $ABCD$ 中，$AD /\!/ BC$；对角线 AC 的垂直平分线分别与直线 AD 和 BC 交于 E 和 F. 求证 $AFCE$ 是菱形.

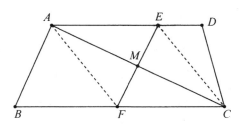

图 21-5

证明 记 AC 中点为 M. 根据共边定理和平行线面积性质得

$$\frac{EM}{FM} = \frac{\triangle EAC}{\triangle FAC} = \frac{\triangle EAF}{\triangle ECF} = \frac{AM}{CM} = 1,$$

再考虑到条件 $EF \perp AC$，可见 EF 和 AC 互相垂直平分，故 $AFCE$ 是菱形. 证毕.

【例 21.3】 如图 21-6，在正方形 $ABCD$ 的四边 AB，BC，CD，DA 上顺次取点 E，F，G，H，使得 $AE = BF = CG = DH$. 求证：$EFGH$ 是正方形.

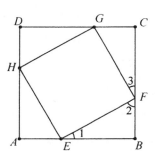

图 21-6

证明 在 $\triangle HAE$，$\triangle EBF$，$\triangle FCG$，$\triangle GDH$ 中，

(1) $AE = BF = CG = DH$（已知）；

(2) $\angle A = \angle B = \angle C = \angle D$（正方形性质）；

(3) $AH = BE = CF = DG$（等量相减，正方形性质，(1)）；

(4) $\triangle HAE \cong \triangle EBF \cong \triangle FCG \cong \triangle GDH$（边角边，(1) ~ (3)）；

(5) $HE = EF = FG = GH$（全等三角形的对应边，(4)）；

(6) $\angle 1 = \angle 3$（全等三角形的对应角，(4)）；

(7) $\angle EFG = 180° - (\angle 2 + \angle 3) = 180° - (\angle 2 + \angle 1) = \angle B = 90°$（等量代换，(6)）；

(8) $EFGH$ 是正方形（有一个直角的菱形是正方形，(5)、(7)）. 证毕.

习题 21.1 利用矩形的性质证明：直角三角形斜边上的中线等于斜边之半.

习题 21.2 求证：顺次联结矩形四边中点的线段构成菱形.

习题 21.3 求证：顺次联结菱形四边中点的线段构成矩形.

习题 21.4 在图 21-6 中，正方形 $EFGH$ 的面积能够小于 $ABCD$ 面积的一

半吗？证明你的判断.

习题 21.5 求证：有一条对角线平分一个内角的平行四边形是菱形.

习题 21.6 已知菱形周长为 24，求对角线交点到一边中点的距离.

习题 21.7 从菱形一条边的中点到对边的一个端点联结线段. 若此线段和菱形的某条边垂直，求菱形各角的度数.

习题 21.8 求证：有一条对角线平分一内角的矩形是正方形.

22. 梯形和其他四边形

梯形也是我们比较熟悉的四边形，小学里就学过梯形面积公式.

只有一组对边平行的四边形叫做梯形，平行的两边叫做梯形的底，通常把较短的底称为上底，较长的称为下底，不平行的两边叫做梯形的腰，两底的距离叫做梯形的高.

在图 22-1 中，梯形 $ABCD$ 的上下底分别是 CD 和 AB，两腰是 AD 和 BC，DE 是高.

由于 $AB /\!/ DC$，但 $AB > DC$，所以有

$$\triangle ABD = \triangle ABC > \triangle ACD. \tag{22-1}$$

式（22-1）可以看成梯形的一个特征性质.

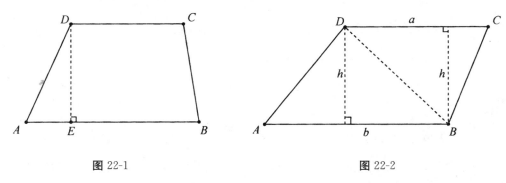

图 22-1   图 22-2

如图 22-2，作梯形 $ABCD$ 的对角线 BD，把梯形分成两个三角形. 设梯形上底 $CD = a$，下底 $AB = b$，高为 h，便得

梯形 $ABCD$ 面积 $= \triangle ABD + \triangle BDC$

$$=\frac{bh}{2}+\frac{ah}{2}=\frac{(a+b)\ h}{2}. \qquad (22\text{-}2)$$

这是我们早就知道的：梯形面积等于其两底和与高的乘积的一半.

联结三角形两边中点的线段叫做三角形的中位线. 命题 6.2 指出三角形的中位线平行于第三边且等于第三边的一半. 仿照三角形中位线的概念，把联结梯形两腰中点的线段叫做梯形的中位线，类似地有

命题 22.1（梯形中位线定理）梯形的中位线平行于两底，且等于两底和之半.

证明 如图 22-3，MN 是梯形 $ABCD$ 的中位线，E 是中位线和对角线 BD 的交点.

根据平行线的面积性质和中点的性质有

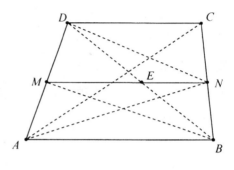

图 22-3

$$\triangle MAB=\frac{\triangle DAB}{2}=\frac{\triangle CAB}{2}=\triangle NAB, \qquad (22\text{-}3)$$

便得 $MN/\!/AB$，这证明了中位线平行于两底.

再用共边定理、平行线的面积性质和中点的性质得

$$\frac{DE}{BE}=\frac{\triangle DMN}{\triangle BMN}=\frac{\triangle DMN}{\triangle AMN}=1, \qquad (22\text{-}4)$$

这表明 E 是 BD 的中点. 根据三角形中位线定理有

$$MN=ME+EN=\frac{AB}{2}+\frac{DC}{2}=\frac{AB+DC}{2}. \qquad (22\text{-}5)$$

这证明了梯形的中位线等于两底和之半. 证毕.

上述定理有一个很直观的证明方法：如图 22-4，把两个形状大小一样的梯形上下颠倒地拼在一起成为平行四边形，就能够清楚地看出：中位线正好是两底和之半.

在几何问题中有时遇到一些特殊的梯形，其中比较常见的是直角梯形和等腰

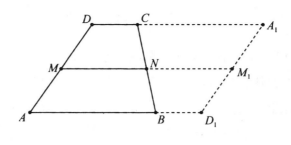

图 22-4

梯形. 直角梯形是一腰垂直于底的梯形, 如图 22-5; 等腰梯形是两腰相等的梯形, 如图 22-6. 图中的虚线表示, 用垂直于底的直线从一般的梯形切割掉一个直角三角形, 可以得到直角梯形; 用平行于底的直线从一个等腰三角形切割掉一个等腰三角形, 可以得到等腰梯形.

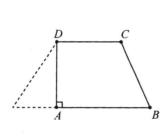

图 22-5

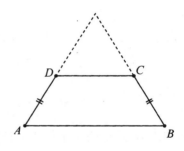

图 22-6

我们来探究一下等腰梯形的性质. 如图 22-7, 应用平行线的面积性质和面积公式得到

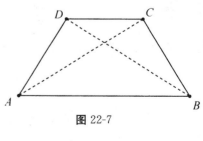

图 22-7

$$AD \cdot AB \cdot \sin\angle A = 2\triangle DAB$$
$$= 2\triangle CAB$$
$$= BC \cdot AB \cdot \sin\angle B. \qquad (22\text{-}6)$$

当梯形的两腰 $AD = BC$ 时推出 $\sin\angle A = \sin\angle B$, 故 $\angle A$ 和 $\angle B$ 相等或互补. 若互补则推出梯形两腰平行, 这不符合梯形的定义, 所以 $\angle A = \angle B$, 即等腰梯形在同一底上的两角相等.

反过来，如果 $\angle A = \angle B$，由 (22-6) 式立刻推出 $AD = BC$. 总结一下就得到

命题 22.2（等腰梯形特征性质）　梯形两腰相等的充分必要条件是同一底上的两角相等.

回顾我们对四边形以至多边形的性质的探究，常常是把问题化为三角形的问题来解决. 四边形无非是两个三角形拼成的图形，用这个观点看，看到两个全等的三角形沿着对应边拼合就成了平行四边形. 这里有两种拼法，对应顶点相互错开，得到平行四边形；如果对应顶点重合，得到的就是另一种四边形，叫做筝形，如图 22-8. 图 22-8 中显示出两个全等三角形拼合的两种情形：按虚线方式拼合得到平行四边形 $EBCD$，按实线方式拼合得到筝形 $ABCD$.

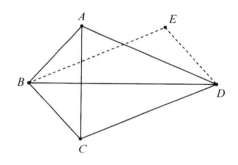

图 22-8

严谨地说，（无公共边的）两组邻边分别相等的四边形叫做筝形.

命题 22.3（筝形的特征性质定理）等形有下列特征性质：

（1）有一条对角线垂直平分另一条对角线；

（2）有一条对角线平分一组对角.

命题 22.3 的证明留作习题.

前面还有些地方涉及具有其他特点的四边形. 例如对角线互相垂直的四边形（例 9.1）及有一组对角为直角的四边形（例 19.2）. 对于一般的四边形，也有一些值得注意的事实. 特别是三角形面积公式和三角形的余弦定理，都可以推广到四边形.

命题 22.4（面积公式和余弦定理的推广）
设四边形 $ABCD$ 面积为 S，对角线 AC 和 BD 相交于 P，记 $\angle APD = \alpha$，则有（图 22-9）.

（1）四边形面积公式

$$S = \frac{1}{2} AC \cdot BD \cdot \sin\alpha. \qquad (22\text{-}7)$$

（2）四边形的余弦定理

$$AB^2 - BC^2 + CD^2 - DA^2 = 2AC \cdot BD \cdot \cos\alpha.$$
$$(22\text{-}8)$$

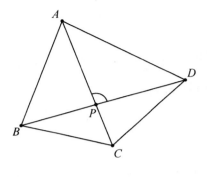

图 22-9

这两条结论都是前面提到的.（22-7）式即例 2.3，（22-8）式即推论 13.5. 此处将其综合为一个命题，以示重视.

有关四边形的几何问题非常丰富，这里不过是初步系统地梳理一下.

【例 22.1】 如图 22-10，梯形 $ABCD$ 的中位线 EF 分别与对角线 BD 和 AC 交于 G 和 H. 求证：

$$GH = \frac{1}{2}(AB - CD).$$

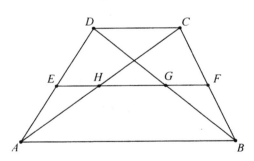

图 22-10

证明 根据梯形中位线平行于两底及命题 6.3，可知 G 和 H 分别是 BD 和 AC 的中点，因此 GE 和 HE 分别是 $\triangle DAB$ 和 $\triangle ACD$ 的中位线. 由三角形中位线定理得到

$$GH = GE - HE = \frac{AB}{2} - \frac{CD}{2} = \frac{AB - CD}{2},$$

证毕.

【例 22.2】 如图 22-11，等腰梯形 $ABCD$ 的对角线 BD 和 AC 交于 E.

求证：$\triangle ADE \cong \triangle BCE$.

证明 在 $\triangle DAB$ 和 $\triangle CBA$ 中，有公共边 $AB = BA$；又根据等腰梯形性质有 $AD = BC$ 和 $\angle DAB = \angle CBA$，所以 $\triangle DAB \cong \triangle CBA$（边角边），从而 $\angle ADE = \angle BCE$. 再加上条件 $AD = BC$ 和对顶角 $\angle AED = \angle BEC$，即得 $\triangle ADE \cong \triangle BCE$.

证毕.

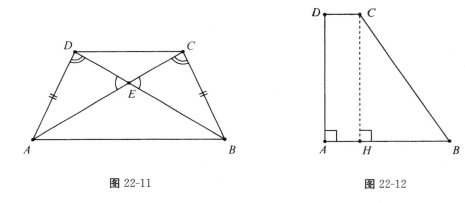

图 22-11   图 22-12

【例 22.3】 如图 22-12，梯形 $ABCD$ 中 $\angle A$ 为直角，一腰 $BC = AB + CD$.

求证：$AD^2 = 4AB \cdot CD$.

证明 从图 22-12 上所作的高 CH，容易想到用勾股定理来计算：

$$AD^2 = CH^2 = BC^2 - BH^2$$

$$= (AB + CD)^2 - (AB - DC)^2 = 4AB \cdot CD,$$

这就是要证明的结论.

【例 22.4】 如图 22-13，筝形 $ABCD$ 中 $AB = AD$ 且 $BC = CD$. 过对角线交点 M 作两条直线分别与四边 AB，BC，CD，DA 交于 E，F，G，H；联结 EF 和 GH 分别与 BD 交于 P 和 Q. 求证：$MP = MQ$.

证明 因为 $MB = MD$，所以只要证明

$$\frac{MP}{BP} = \frac{MQ}{DQ},$$

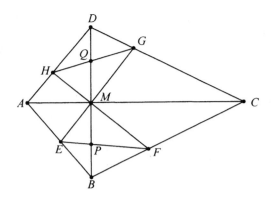

图 22-13

即证明

$$\frac{MP}{BP} \cdot \frac{DQ}{MQ} = 1.$$

反复应用共边定理、共角定理和筝形的性质得

$$\frac{MP}{BP} \cdot \frac{DQ}{MQ} = \frac{\triangle MEF}{\triangle BEF} \cdot \frac{\triangle DHG}{\triangle MHG} = \frac{ME \cdot MF}{MH \cdot MG} \cdot \frac{DH \cdot DG}{BE \cdot BF}$$

$$= \frac{ME}{MG} \cdot \frac{MF}{MH} \cdot \frac{DH}{BE} \cdot \frac{DG}{BF}$$

$$= \frac{\triangle EBD}{\triangle GBD} \cdot \frac{\triangle FBD}{\triangle HBD} \cdot \frac{\triangle HBD}{\triangle EBD} \cdot \frac{\triangle GBD}{\triangle FBD} = 1,$$

证毕.

矩形对角线的交点到四个顶点距离相等. 矩形可以分成两个直角三角形, 但是两个直角三角形沿着斜边拼成的四边形不一定是矩形. 尽管不是矩形, 它的一条对角线的中点仍然具有到四个顶点距离相等的性质 (图 22-14). 这种由两个直角三角形沿着斜边拼成的四边形对角互补.

那么, 更一般地, 对于对角互补的四边形, 有没有一个到四个顶点距离相等的点呢? 下面的例子回答了这个问题.

【例 22.5】 设四边形 $ABCD$ 中 $\angle ABC + \angle CDA = 180°$.

求证: 有一点 P, 满足 $PA = PB = PC = PD$.

证明 如图 22-15, 设 AB 的中垂线和 BC 的中垂线交点为 P, 则 $PA = PB$

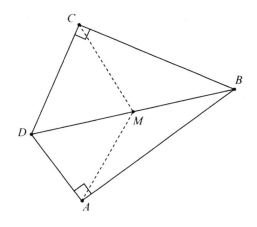

图 22-14

$=PC.$ 由等腰三角形底角相等，可记 $\alpha=\angle PAB=\angle PBA$，$\beta=\angle PBC=\angle PCB.$

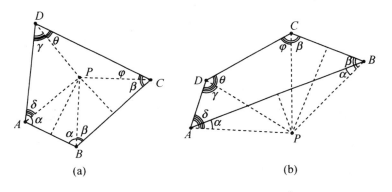

图 22-15

只要证明 $PD=PA.$

如图 22-15 所标注，若 $PD>PA$，由大边对大角，得 $\delta>\gamma$；同理 $\varphi>\theta$. 于是 $\alpha+\beta+\delta+\varphi>\alpha+\beta+\gamma+\theta$，如图（a）有 $\angle ABC+\angle CDA=\alpha+\beta+\gamma+\theta<180°$，如图（b）则有 $\angle ABC+\angle CDA=\beta-\alpha+\gamma+\theta<\beta-\alpha+\delta+\varphi=180°$，和条件不符.

若 $PD<PA$，同理推出 $\angle ABC+\angle CDA>180°$，也和条件不符.

这证明必有 $PD=PA.$ 证毕.

上面的例子所考虑的四边形的特点是对角互补，也可说是对角之和相等，这使我们联想到，如果考虑对边之和相等的四边形，又有什么性质呢？

【例 22. 6】 设四边形 $ABCD$ 中 $AB+CD=BC+AD$.

求证：有一点 P，它到四边形 $ABCD$ 的四边距离相等.

证明 如图 22-16，作 $\angle A$ 和 $\angle B$ 的分角线交于点 P，自 P 分别向 DA，AB，BC 和 CD 作垂线，垂足顺次为 E，F，G，H. 由分角线的性质（例 5.4），有 $PE=PF=PG$，易知还有 $AF=AE$ 和 $BF=BG$.

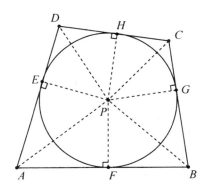

图 22-16

下面证明 $PH=PG$. 若不然有两种情形：

(1) 若 $PH>PG$，由勾股定理 $PH^2+HC^2=PC^2=PG^2+GC^2$ 得 $HC<GC$；同理 $HD<ED$. 于是

$$AB+CD=AF+BF+HC+HD<AE+BG+GC+ED=BC+AD,$$

这与条件 $AB+CD=BC+AD$ 不符.

(2) 若 $PH<PG$，同理可推出 $AB+CD>BC+AD$，也和条件不符.

因此只可能有 $PH=PG$. 证毕.

习题 22. 1 已知梯形 $ABCD$ 的上底为 AD，两腰 $AB>CD$. 试把梯形的四个角 $\angle A$，$\angle B$，$\angle C$，$\angle D$ 按自小而大的顺序排列.

习题 22. 2 已知点 P 在梯形 $ABCD$ 的一腰 AD 上，且 $\triangle PCD$ 相似于 $\triangle BPA$（参看图 22-17）.

求证：$ABCD$ 是直角梯形.

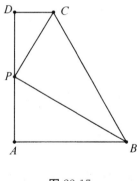

图 22-17

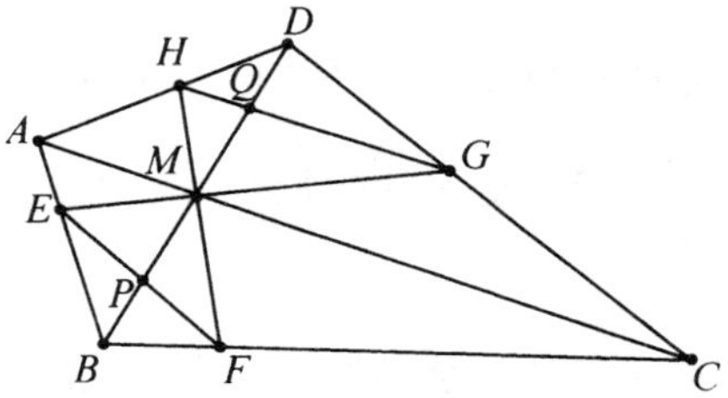

图 22-18

习题 22.3 四边形 $ABCD$ 中对角线交点 M 是 BD 中点．过 M 作两条直线分别与四边 AB，BC，CD，DA 交于 E，F，G，H；联结 EF 和 GH 分别与 BD 交于 P 和 Q（参看图 22-18）．

求证：$MP = MQ$.

习题 22.4 已知等腰梯形有一角为 $120°$，上底为 12，腰长为 10，求其面积和周长．

习题 22.5 设 P 和 Q 分别是梯形 $ABCD$ 两腰 AD 和 BC 上的点，且 $PA = 2PD$，$QB = 2QC$. 求证：

$$PQ = \frac{1}{3}(AB + 2CD).$$

习题 22.6 设 P 和 Q 分别是梯形 $ABCD$ 两腰 AD 和 BC 的中点；直线 DQ 和底边 AB 的延长线交于 E. 求证：$CD = BE$. 再利用这个结果证明梯形中位线等于两底和的一半．

习题 22.7 设四边形 $ABCD$ 中 $\angle ABC + \angle CDA = 180°$. 求证：$\angle ADB = \angle ACB$.

习题 22.8 在例 22.5 和 22.6 的证明中，都用了排除其他情形的间接证明方法．你能用直接推理来证明这两个命题吗？

第四站小结

这是比较轻松的一站，是丰收后的休整．

我们已经打造了几套强有力的工具，用来解决这一站所提出的问题，应当是轻而易举的．

值得注意的仍然是提问题和看问题的方法．

三角形研究得比较清楚了，进一步就研究四边形，这是数学中常用的发掘问题并扩大战果的方法．

两个三角形拼在一起可以得到四边形，一个三角形切掉一角也可以得到四边形，所以对三角形的认识就是进一步认识四边形的基础．

四边形的有些性质，是直接从三角形的性质推广得来的．例如，三角形内角和为 $180°$，四边形内角和为 $360°$；三角形外角和 $360°$，四边形外角和以至多边形外角和都是 $360°$．三角形面积等于两边和夹角正弦乘积之半，四边形面积等于两条对角线和夹角正弦乘积之半；直角三角形两直角边的平方和等于斜边的平方，两条对角线相互垂直的四边形两组对边的平方和相等；对这些性质的了解，是温故知新，学了四边形，又加深了对三角形的以识．

四边形的有些性质是不可能从三角形推广得来的．例如，四边形有两条对角线，三角形没有对角线；四边形有对边对角，三角形没有；四边形可能有两条边平行，三角形不可能，这样一来，在研究四边形性质的时候就可以从这些地方推陈出新了．

在研究三角形的时候，关注过一些特殊的三角 例如等腰三角形、等边三角形、直角三角形．这些特殊的三角形用处很大，因为一般三角形常常可以分割为特殊的三角形．在四边形中，也有一些特殊的四边形值得我们特别加以关注．

最重要的一类特殊的四边形是平行四边形．关于平行四边形的命题，我们先是总结出了性质定理，列出了平行四边形具有的性质；然后反过来总结出判定定理，说明具有哪些性质的四边形一定是平行四边形．其实，在学习三角形时，也可以总结出来一些性质定理和判定定理．例如等腰三角形两底角相等，三线合一，都是性质定理；反过来，不难总结出对应的判定定理．但以前在研究特殊三角形时没有突出性质定理和判定定理的概念，是因为特殊三角形的独特性质就那么一两条，加以梳理的重要性还不突出．那时关注的主要问题是三角形的边角关系以及用边角关系推出三角形相似或全等的条件．现在一方面是腾出手来比较悠闲了，又遇见平行四边形这种具有丰富性质的研究对象，确实有必要梳理一下，就把性质定理和判定定理的概念凸现出来．

又是性质定理，又是判定定理，头绪未免多了一些．学习数学，有一个由少到多，又由多到少的过程．由少到多，是把事物分细展开；由多到少，则是把它们提炼归拢．理出平行四边形的一系列性质，列出一串性质定理和判定定理，是分细展开由少到多；接着我们提出了特征性质的概念，把性质定理和判定定理统一表达为特征性质定理，就是由多到少．平行四边形的特征性质，无非是对边平行、对角相等、邻角互补、对边相等、一组对边平行且相等以及对角线相互平分这么几条．

在平行四边形的基础上，加上等边条件就是菱形，加上等角条件就是矩形，两个条件都具备就是正方形，条理很清楚．在平行四边形的基础上，减去一个条件，只有一组对边平行时就是梯形．

要注意的是，平行四边形包含了矩形、菱形、正方形，但梯形不包含平行四边形．这样规定是为了有关梯形性质的某些命题表述起来更为简洁．

平行四边形是两个全等三角形拼成的，也可以看成是两个梯形拼成的．但看成两个全等三角形拼成的就更容易理解其性质．梯形也是两个三角形拼成的，也可以看成是用平行于一边的直线将三角形切去一角剩下的部分．取后一种看法更容易理解其性质．

总的来说，前面三站主要关注几何图形间的数量关系，而这一站更多地注意与几何性质有关的知识的逻辑结构．

圆和正多边形

23. 圆的基本性质

圆有许多有趣又有用的性质，其中有些性质很平凡，容易看出来，有些性质要深究才会浮出水面．但是深刻的性质常常和平凡的性质紧密地联系在一起．先把平凡的性质梳理一下，再进行比较深入的探究，这是思考数学问题的一般方法．

圆的所有性质都是从它的这个定义得来的：在平面上，到一定点的距离等于定长的所有点组成一个圆．这个定点叫做这个圆的圆心，定长叫做圆的半径．半径的 2 倍叫做圆的直径．半径相等的圆叫做等圆．

一个圆把它所在平面上的点分成了三部分：到圆心的距离小于半径的点叫做圆内的点；到圆心的距离等于半径的点叫做圆上的点；到圆心的距离大于半径的点叫做圆外的点．

以点 O 为心的圆记作⊙O，读作"圆 O"．中心相同的圆叫同心圆．联结圆心到圆上任意一点的线段叫做该圆的半径．这样一来，半径这个词就有了双重含义：有时它是一个数，表示圆心到圆上任意一点的距离；有时它是一个图形，表示联结圆心到圆上任意一点的线段．这样一词两义的情形在几何中由来已久，大家都习惯了，根据上下文容易判断具体所指，不会导致混乱．

联结一个圆上两点的线段叫做该圆的弦，通过圆心的弦叫直径．显然，直径的长度是半径的两倍．类似于半径，直径这个词也有双重含义．

在图 23-1 中，AB 是 $\odot O$ 的直径，CD 是 $\odot O$ 的一条弦，P 在 $\odot O$ 内而 Q 在 $\odot O$ 外，A，B，C，D，E 都在圆上，OA，OB，OE 都是半径．

若 $\odot O$ 的弦 AB 不是直径，则 $\triangle OAB$ 是以 AB 为底边的等腰三角形（图 23-2）．根据等腰三角形"三线合一"（命题 5.4）的性质，立刻得到圆的一条基本性质：

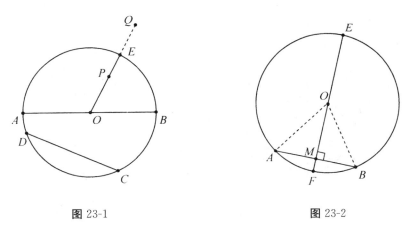

图 23-1   图 23-2

命题 23.1（垂径定理）　垂直于弦的直径平分此弦；反之，平分弦（不是直径）的直径垂直此弦．

如图 23-2，若 $OM \perp AB$，则 OM 是等腰三角形 $\triangle OAB$ 底边 AB 上的高，所以也是中线，因而直径 EF 平分弦 AB；反过来，若直径 EF 平分弦 AB，则 OM 是等腰 $\triangle OAB$ 底边 AB 上的中线，所以也是高，因而直径 EF 垂直弦 AB．顺便得知，OM 还是 $\angle AOB$ 的分角线．

可见，命题 23.1 不过是在用不同的术语重述命题 5.4 的部分内容．在图上所画的圆，并没有在推理中起到更多的作用，起作用的只是条件 $OA = OB$．

同在图 23-2 中，根据条件 $OA = OB$ 和垂直平分线的性质（命题 9.5），有

命题 23.2 弦的垂直平分线通过圆心；另一方面，以线段的垂直平分线上任意点为圆心，可作一圆经过该线段的两个端点．

显然，命题 23.2 不过是在用不同的术语重述命题 9.5.

在数学中，用不同的术语表达相同的事实是常有的事情．这实际上就是从不同的角度来观察同一件事物，这是重要的数学思想，这种思想常常能够把复杂的问题变得简单明白，对似乎难以下手的问题找出意外简捷的解决方案．

从上述命题可见，经过两点的圆有无穷多个，它们的圆心组成联结这两点的线段的垂直平分线，如图 23-3；又可以看到，经过两条平行弦中点的直线垂直于此弦且过圆心，如图 23-4.

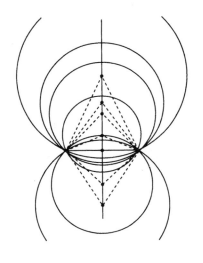

图 23-3

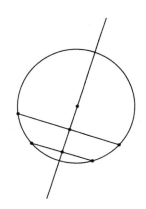

图 23-4

虽然对于圆的认识刚刚开始，我们还是能够解决一些有关圆的问题了．

【例 23.1】 若点 P 在 $\odot O$ 的弦 AB 上，P 不同于 A 也不同于 B，求证 P 在 $\odot O$ 内．

证明 如图 23-5，要证明 P 在 $\odot O$ 内，就是证明 $PO < AO$.

根据三角形外角大于内对角，得 $\angle APO > \angle B =$

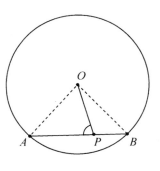

图 23-5

$\angle A$，再在 $\triangle OAP$ 中应用大角对大边，即得 $PO<AO$. 证毕.

这个题目只要明白要证明的是什么，就容易解决.

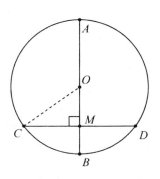

【例 23.2】 如图 23-6，CD 是 $\odot O$ 的弦，直径 AB 垂直于 CD 并和 CD 相交于 M.

求证：$CD^2 = 4AM \cdot BM$.

证明 若 M 和圆心 O 重合，要证明的结论显然成立.

设 M 不和圆心 O 重合，由垂径定理可知 M 是 CD 中点. 应用勾股定理得

$$CM^2 = OC^2 - OM^2 = (OC + OM)(OC - OM)$$
$$= (AO + OM)(BO - OM)$$
$$= AM \cdot BM,$$

图 23-6

因此得到 $CD^2 = (2CM)^2 = 4CM^2 = 4AM \cdot BM$. 证毕.

从上例题推导过程看到，弦的长度和它到圆心的距离有关. 把弦到圆心的距离简称为弦心距，有下列计算公式：

命题 23.3（弦心距公式） 在半径为 r 的圆中，若弦长为 l 则弦心距 d 为

$$d = \sqrt{r^2 - \frac{l^2}{4}}. \tag{23-1}$$

直接用垂径定理和勾股定理可得上述公式，推导从略.

如上，若 $\odot O$ 的弦 AB 不是直径，则 $\triangle OAB$ 是以 AB 为底边的等腰三角形（图 23-2），这个等腰三角形的顶角 AOB 叫做弦 AB 所对的弦心角. 容易推出弦心角、弦长、半径和弦心距之间的关系.

命题 23.4 设 $\odot O$ 的半径为 r，弦 AB 长为 l，弦心距为 d，弦心角为 α，则有下列公式：

$$d = r \cdot \cos \frac{\alpha}{2}, \tag{23-2}$$

$$l = 2r \cdot \sin \frac{\alpha}{2}, \tag{23-3}$$

如图 23-2，根据等腰三角形三线合一的性质以及直角三角形中锐角的正弦余弦和边比的关系，立刻得到上面两个公式．详细推导留给读者．

公式（23-3）表明，从弦心角计算弦长时用到了正弦，这就是正弦名称的由来．

上面说到，经过一条线段 AB 的两端点的圆有无穷多个，它们的圆心都在 AB 的中垂线上．如果在直线 AB 外任取一点 C，则经过 BC 的两端点的圆也有无穷多个，它们的圆心都在 BC 的中垂线上．由于 BC 和 AB 不平行，它们的中垂线必有唯一的交点 O．因为 O 在 AB 的中垂线上，得 $OA=OB$；又因为 O 在 BC 的中垂线上，得 $OB=OC$．于是，若以 O 为心 OA 为半径作 $\odot O$，则 A，B，C 三点都在此圆上，所以有

命题 23.5（三点定圆）　经过不在同一条直线上的三点，有一个圆，也只有一个圆．

如图 23-7 和 23-8，经过 A，B，C 三点的 $\odot O$ 从外面包围了 $\triangle ABC$，叫做 $\triangle ABC$ 的外接圆，$\triangle ABC$ 叫做 $\odot O$ 的内接三角形．三角形的外接圆的圆心，叫做此三角形的外心．

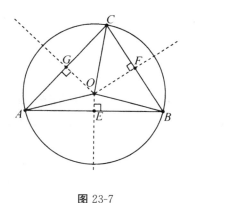

图 23-7

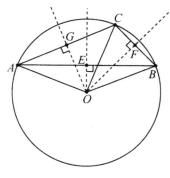

图 23-8

注意，此时也有 $OA=OC$，所以 O 也在 AC 的中垂线上．由此得

命题 23.6　任意三角形三边的垂直平分线交于一点，此点为三角形的外心．

我们已经知道三角形的三种巧合点：重心、垂心和内心，现在又添了一种：

外心．常见的三角形巧合点就是这四种．

三角形的外心可能在三角形内部，如图 23-7，也可能在外部，如图 23-8．至于什么情形在外部，什么情形在内部，不久便会水落石出．现在读者不妨自己猜想一下．

【例 23.3】 求证：（1）直角三角形的外心是其斜边的中点；（2）反之，若△ABC 的外心在边 AB 上，则∠C 为直角．

证明 （1）由于直角三角形斜边上的中线是斜边的一半，故斜边中点到三角形的三个顶点距离相等，从而它是外心．

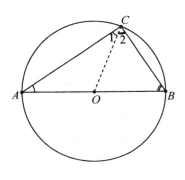

图 23-9

（2）如图 23-9，由 OA＝OB＝OC 及等边对等角，得∠1＝∠A，∠2＝∠B，从而

$$\angle C = \angle 1 + \angle 2 = \angle A + \angle B = 180° - \angle C, \tag{23-4}$$

于是得 2∠C＝180°，即∠C 为直角．证毕．

上面讨论过圆和点的关系了，接着看看圆和直线的关系．

设⊙O 的半径为 r，圆心 O 到直线的距离为 d．自圆心 O 向该直线作垂足 F，则 OF＝d．点 F 是该直线上距离圆心 O 最近的点，于是从点 F 和⊙O 的关系便可以得知直线和⊙O 的关系．

直观地看，若 d＞r，点 F 在⊙O 之外，则直线上所有的点都在⊙O 外部，这时称直线外离于⊙O；若 d＜r，点 F 在⊙O 之内，则直线和⊙O 交于两点，这时称直线为⊙O 的割线；若 d＝r，点 F 在⊙O 上，则直线上其他的点都在⊙O 外部，这时称直线切⊙O 于 F，或者说直线和⊙O 相切，称该直线为⊙O 的切线，称点 F 为切点．

简单地说，和圆交于两点的直线叫做圆的割线，和圆只有一个公共点的直线叫做圆的切线．

这三种情形分别如图 23-10 的（a）～（c）．

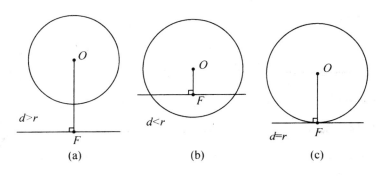

23-10

直线和圆外离，没什么好说的了．直线和圆交于两点，两点间的线段就是弦，上面也初步研究了一番．而直线和圆相切，只有一个公共点的情形，是新情况，是新事物，值得注意．

命题 23.7 设直线 AB 经过 $\odot O$ 上的一个点 F，若 $OF \perp AB$，则直线 AB 和 $\odot O$ 只有一个公共点 F；若 OF 不垂直于 AB，则直线 AB 和 $\odot O$ 有两个公共点．

证明 若 $OF \perp AB$，由于垂线是点到直线最短线段，故直线 AB 上除 F 之外的其他点到圆心 O 的距离均大于半径 OF，从而均在圆外，故直线 AB 和 $\odot O$ 只有一个公共点 F.

若 OF 不垂直于 AB，如图 23-11，自 O 作 AB 的垂足 M，延长 FM 至 G，使得 GM

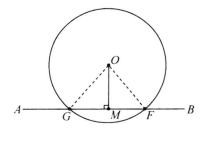

图 23-11

$=FM$，则 OM 垂直平分 FG，所以 $OG=OF$，这样 AB 上有另一点 G 也在 $\odot O$ 上．证毕．

把命题 23.7 换一种说法，就是

命题 23.8（圆的切线的特征性质） 直线是圆的切线的充分必要条件，是它经过圆上的一个点并且垂直于过此点的半径．

这个命题有两层含义．第一，过 $\odot O$ 上一点 P 而垂直于半径 OP 的直线是 $\odot O$ 的切线，这是切线的判定定理；第二，和 $\odot O$ 相切于 P 的直线垂直于半径

OP，这是切线的性质定理．

因为过一点只能作指定直线的一条垂线，从上述命题立刻推出

命题 23.9 过圆心垂直于切线的直线必经过切点；过切点垂直于切线的直线必经过圆心．

想一想，把上述命题中的"切线"改为"弦"，"切点"改为"弦的中点"，是不是变成垂径定理了？反过来，垂径定理中的弦缩短成一点，是不是变成这个命题了？

根据上面所说切线垂直于过切点的半径，经过圆上任意一点作切线是很容易的事情了．但是，经过不在圆上的点能不能作切线呢？

显然，经过圆内的点，不可能作该圆的切线．因为过圆内点的直线总会和圆交于两点，所以只要考虑过圆外一点作圆的切线的问题．

【**例 23.4**】 设 P 为 $\odot O$ 外一点，试作过 P 点并且和 $\odot O$ 相切的直线．

解 如图 23-12，作线段 PO 中点 M，以 M 为心作半径为 MO 的圆．$\odot M$ 和 $\odot O$ 相交于 A 和 B 两点．由于 $\odot M$ 的圆心 M 在 $\triangle PAO$ 和 $\triangle PBO$ 的边 PO 上，故 $\angle A$ 和 $\angle B$ 均为直角（参看例 23.3），即 $PA \perp OA$，$PB \perp OB$. 根据切线的特征性质，直线 PA 和 PB 都是 $\odot O$ 的切线．

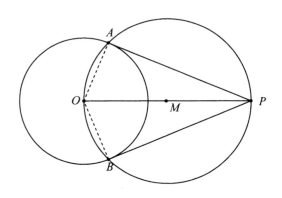

图 23-12

可见，过圆外一点恰有两条直线和圆相切．

在图 23-12 中，容易看出来 $\triangle PAO$ 全等于 $\triangle PBO$，从而 $PA = PB$，并且 OP

是 $\angle APB$ 的分角线. 线段 PA 和 PB 都叫做 P 到 $\odot O$ 的切线；P 到切点 A 或 B 的距离，叫做 P 到 $\odot O$ 的切线长；$\angle APB$ 叫做两切线的夹角. 应用有关直角三角形的知识，不难写出切线长的计算公式.

按定义切线本来是直线，直线不可能有确定的长度，所以"切线长"这个术语好像不合理. 但是这里术语"切线"已经有了双重含义：有时指直线，有时指线段，这种一词多义的情形是习惯形成的，注意上下文就不至于混淆.

命题 23.10（切线长定理）　从 $\odot O$ 外一点 P 引圆的两条切线，其切线长相等. 圆心 O 和点 P 的连线平分两切线的夹角. 若圆半径为 r，$OP=d$，切线长为 l，两切线的夹角为 α，则有公式

$$l=\sqrt{d^2-r^2}=d\cos\frac{\alpha}{2}, \tag{23-5}$$

$$\sin\frac{\alpha}{2}=\frac{r}{d}, \tag{23-6}$$

$$l=r\cot\frac{\alpha}{2}. \tag{23-7}$$

上述事实和公式显然成立，证明略.

习题 23.1　若 A 和 B 两点都在 $\odot O$ 内，求证：线段 AB 上的点都在 $\odot O$ 内.

习题 23.2　已知 $\odot O$ 的直径为 10，弦 $AB=5$，求 $\triangle OAB$ 的面积和 $\angle ABO$ 的大小.

习题 23.3　如图 23-13，桥拱的跨度 $AB=$ 37.4m，拱高 $CD=7.2$m；桥拱是 $\odot O$ 的一部分，求得 $\odot O$ 半径.

习题 23.4　两同心圆中，大圆的弦 AB 和小圆交于 C 和 D，求证：$AC=BD$.

习题 23.5　在 $\odot O$ 的直径 AB 上任取一点 P，P 在 O 和 B 之间且不同于 O 和 B. 点 Q 在 $\odot O$ 上且不同于 A 和 B. 求证：$PB<PQ<PA$.

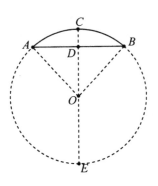

图 23-13

习题 23.6　已知 $\triangle ABC$ 的外心 O 在其内部，求证：$\triangle ABC$ 是锐角三角形.

习题 23.7　求证：钝角三角形的外心一定在其外部．反之，若△ABC 的外心在其外部，则△ABC 一定是钝角三角形．

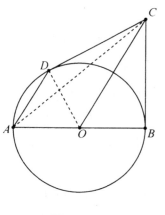

习题 23.8　如图 23-14，AB 是⊙O 的直径，过 B 作⊙O 的切线 BC，过 C 作⊙O 另一条切线和⊙O 相切于 D．求证：AD∥OC．

习题 23.9　若 AB 是⊙O 的直径，C 是⊙B 和⊙O 的交点，求证：AC 是⊙B 的切线．

习题 23.10　如图 23-14，AB 是⊙O 的直径，过 B 作⊙O 的切线 BC，弦 AD 平行于 OC，求证：DC 是⊙O 的切线．

图 23-14

24. 圆周角定理及其推论

上一节说到的是圆的基本性质，涉及的命题很显然，多数是原来学过的知识换个表述方式．

下面要探索圆的更深刻的性质，似乎是一眼看不出来的性质，需要演绎推理才能发现的性质．但事实上我们前面的例题或习题中已有蛛丝马迹，只是没有把圆画出来，没有使用圆的有关术语罢了．

在⊙O 上任取两点 A 和 B，圆就分成了两个部分，每一部分都叫做一条圆弧，简称为弧，也称为弦 AB 所对的弧．如果弦 AB 是直径，这两条弧都叫做半圆．如果弦 AB 不是直径，则两条弧一大一小．大于半圆的弧叫优弧，小于半圆的弧叫劣弧．如果不加说明，弦 AB 所对的弧指劣弧．一条弧和它所对的弦在一起组成的图形叫做弓形．

以 A 和 B 为端点的劣弧通常记作$\overset{\frown}{AB}$，读作"圆弧 AB"或"弧 AB"．为合理地表示以 A 和 B 为端点的优弧，可以在这弧上再任意取一个不同于 A 和 B 的点 P，将这条弧用三个点表示为$\overset{\frown}{APB}$．当然，劣弧也可以用三个点表示．事实

上，我们常常不能肯定所提到的弧是劣弧还是优弧，用三个点表示更清楚．

顶点在圆心上，角的两边与圆周相交的角叫做叫圆心角．在 $\odot O$ 上任取两点 A 和 B，$\angle AOB$ 叫做 $\overset{\frown}{AB}$ 所对的圆心角．圆心角的度数，也叫做它所对的弧的度数．半圆的度数是 $180°$；优弧 $\overset{\frown}{APB}$ 的度数，是 $360°$ 减去 $\overset{\frown}{AB}$ 的度数．用记号 dg（＊）来记圆弧 ＊ 的度数．例如，$\overset{\frown}{AB}$ 的度数记作 dg（$\overset{\frown}{AB}$），$\overset{\frown}{APB}$ 的度数记作 dg（$\overset{\frown}{APB}$），可见 dg（$\overset{\frown}{APB}$）＋dg（$\overset{\frown}{AB}$）＝$360°$．

在同圆或等圆中，相等的圆心角所对的弧叫等弧．若 $\overset{\frown}{AB}$ 和 $\overset{\frown}{CD}$ 为等弧，记作 $\overset{\frown}{AB}=\overset{\frown}{CD}$，这时对应的优弧 $\overset{\frown}{APB}=\overset{\frown}{CQD}$．

根据三角形全等的边角边或边边边判别法，显然有

命题 24.1 在同圆或等圆中，如果两个圆心角、所对的两条弧、所对的两条弦或者这两条弦的弦心距中有一组量相等，则其余各组量都分别相等．

上述命题涉及四组量，从其中一组量相等可以推出另三组相等．这样，它实际上概括了 12 条命题．

把这个命题和垂径定理结合起来，可以把垂径定理叙述成更一般的形式：

命题 24.2（广义垂径定理） 垂直于弦的直径平分此弦，并且平分此弦所对的弧以及此弧所对的圆心角．

当然，上述命题也是等腰三角形"三线合一"的另一种表达方式．

根据中垂线的唯一性以及联结两点线段的唯一性，从命题 24.2 直接推出

命题 24.3（广义垂径定理的推论） 若弦不是直径，则

（1）平分弦的直径垂直于弦，并且平分弦所对的弧；

（2）平分弦所对的一条弧的直径，垂直平分此弦；

（3）弦的垂直平分线经过圆心，并且平分弦所对的弧．

上面的讨论都没有配图，读者可以参看前节的图 23-2．

到现在为止，所讨论的圆的性质仍是平凡直观的性质．下面的探索开始深入了．

如图 24-1，AB 和 $\odot O$ 相切于 C，D 是圆上另一点．与弦 CD 垂直的直径和弦 CD 相交于 M．根据切线性质 $OC \perp CB$，由垂径定理得到

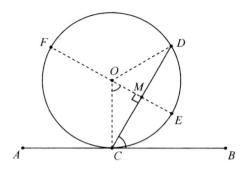

图 24-1

$$\angle DCB = 90° - \angle OCM = \angle COM = \frac{1}{2}\angle COD. \tag{24-1}$$

由此可见，$\angle DCB$ 的度数等于 $\overgroup{DC}$ 度数之半．另一方面，有

$$\angle DCA = 180° - \angle DCB = \frac{1}{2}(360° - \angle COD). \tag{24-2}$$

按优弧度数的意义，上式说明 $\angle DCA$ 的度数等于 $\overgroup{DFC}$ 度数之半．

注意到 $\angle DCA$ 和 $\angle DCB$ 都是弦 CD 和切线 AB 所成的角，顶点 C 为切点，这样由切线和弦所成的顶点为切点的角叫做弦切角．从切点 C 出发的弦 CD 所对的两条弧，一条是夹在 $\angle DCB$ 内的 $\overgroup{DC}$，另一条是夹在 $\angle DCA$ 内的 $\overgroup{DFC}$，分别叫做该弦切角所夹的弧．于是，等式（24-1）和（24-2）可以简练地表述为

命题 24.4（弦切角定理） 弦切角的度数等于所夹的弧的度数之半．

在图 24-1 中，若 CD 是直径，$\angle DCA$ 和 $\angle DCB$ 所夹的弧都是半圆，即 $180°$ 的弧．按弦切角定理，$\angle DCA$ 和 $\angle DCB$ 都应当是直角，这和切线性质一致．

弦切角定理好像是新的知识，不是一眼看出来的．其实，它和习题 5.5 本质上是一回事，只是习题 5.5 对应的图 5-7 中没有圆，且术语有所不同．

从这个定理再进一步，得到非常重要的一命题，叫做圆周角定理．

同一个圆中，具有公共顶点的两条弦所成的角叫做圆周角．例如，在图 24-2 中，$\angle ACB$ 就是一个圆周角，通常说它是 $\overgroup{ACB}$ 所含的弓形角，而弦 AB 所对两条弧中不含点 C 的 $\overgroup{AB}$ 叫做 $\angle ACB$ 所对的弧；也说 $\angle ACB$ 是 $\overgroup{AB}$ 所对的圆周角．

显然，一个圆周角所对的弧是唯一的，而一条弧所对的圆周角有无穷多个．

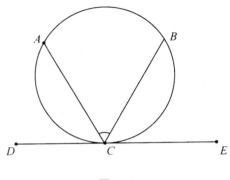

图 24-2

命题 24.5（圆周角定理）　圆周角的度数等于所对弧的度数之半.

证明　如图 24-2，过 C 作圆的切线 DE. 应用弦切角定理得

$$\angle ACD = \frac{1}{2} \mathrm{dg}\,(\widehat{AC}), \quad \angle BCE = \frac{1}{2} \mathrm{dg}\,(\widehat{BC}),$$

于是容易计算 $\widehat{AB}$ 所对的圆周角 $\angle ACB$：

$$\angle ACB = 180° - \angle ACD - \angle BCE = \frac{1}{2}\,(360° - \mathrm{dg}\,(\widehat{AC}) - \mathrm{dg}\,(\widehat{BC}))$$

$$= \frac{1}{2} \mathrm{dg}\,(\widehat{AB}) . \tag{24-3}$$

证毕.

圆周角定理是和圆有关的最重要的定理之一. 和圆有关的角，圆心角的顶点只能在圆心，弦切角的顶点只能在切点，而圆周角的顶点可以是圆上的任意点，这使得圆周角定理的应用非常广泛. 下面一系列的推论仅仅是它初步的应用.

推论 24.1　圆周角的大小，等于同弧所对的圆心角的一半.

看看前面的习题 5.6，其内容和推论 24.1 是一致的，只是习题 5.6 对应的图 5-8 上没有把圆作出来，没有用同弧所对的圆心角这种说法.

推论 24.2　同弧或度数相等的弧所对的圆周角相等；相等的圆周角所对的弧度数相等.

推论 24.2 的用处很广，它本身也叫做圆周角定理.

推论 24.3　半圆所对的圆周角是直角；90° 的圆周角所对的弦是直径.

这是我们知道的事实（例 23-3），这里它成为一般情形的特例，证明更简单。下面的推论是它另一种表达形式。

推论 24.4　△ABC 中，∠C 为直角的充分必要条件是：AB 边上的中线长等于 AB 长度的一半。

推论 24.5　在同圆中，平行的两弦所夹的弧相等。

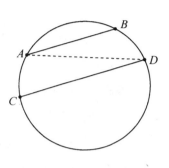

证明很容易。如图 24-3，若 AB∥CD，则∠A=∠D，于是 dg（$\overarc{AC}$）=dg（$\overarc{BD}$）。

圆周角定理确定了顶点在圆周上的角与所夹的弧的关系。如果顶点不在圆周上面呢？我们可以用平行弦所夹的弧相等（推论 24.5）的性质，把顶点转移到圆周上。

图 24-3

如图 24-4 和 24-5，两条弦 AB 和 CD 或其延长线相交于 E，要讨论∠AED 和两弦所夹的弧 $\overarc{AD}$ 和 $\overarc{BC}$ 的关系。为此作平行于 AB 的弦 CF，则 E 在圆内时（图 24-4）有

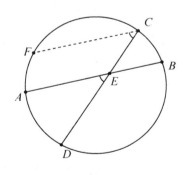

图 24-4

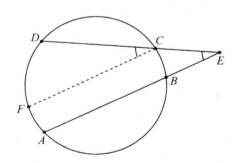

图 24-5

$$\angle AED=\angle FCD=\frac{1}{2}dg（\overarc{DAF}）$$

$$=\frac{1}{2}（dg（\overarc{DA}）+dg（\overarc{AF}））$$

$$=\frac{1}{2}（dg（\overarc{DA}）+dg（\overarc{BC}）），\tag{24-4}$$

而 E 在圆外时（图 24-5）有

$$\angle AED = \angle FCD = \frac{1}{2}\mathrm{dg}\ (\overset{\frown}{DF})$$

$$= \frac{1}{2}\ (\mathrm{dg}\ (\overset{\frown}{DFA}) - \mathrm{dg}\ (\overset{\frown}{AF}))$$

$$= \frac{1}{2}\ (\mathrm{dg}\ (\overset{\frown}{DA}) - \mathrm{dg}\ (\overset{\frown}{BC})).\tag{24-5}$$

于是得到

推论 24.6 两弦相交于圆内，交角度数等于该角及其对顶角所夹两弧度数和之半；两弦延长后相交交于圆外，交角度数等于该角所夹两弧度数差之半.

如果仅仅作定性的讨论，则有

推论 24.7 设三点 P，Q，R 在直线 AB 的同侧；Q 在弓形 $\overset{\frown}{APB}$ 内，R 在弓形 $\overset{\frown}{APB}$ 外，则 $\angle AQB > \angle APB > \angle ARB$.

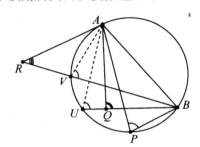

图 24-6

证明 如图 24-6，BR 和 $\overset{\frown}{APB}$ 交于 V，延长 BQ 和 $\overset{\frown}{APB}$ 交于 U，由三角形外角大于内对角以及同一个弓形所含的角相等，得到

$$\angle AQB > \angle AUB = \angle APB,\tag{24-6}$$

$$\angle ARB < \angle AVB = \angle APB,\tag{24-7}$$

即得所要的结论. 证毕.

下面的推论很显然：

推论 24.8 同一个弓形所含的弓形角相等.

推论 24.9 优弧所含的弓形角为锐角，劣弧所含的弓形角为钝角，半圆所含的弓形角为直角. 反之亦然.

下面的推论包含了一些先前已经掌握的知识. 那时推证起来要费点力气，现在则能够轻松得到了.

推论 24.10 锐角三角形的外心在三角形内；钝角三角形的外心在三角形外，与钝角顶点分居于最长边的两侧；直角三角形的外心在斜边上.

推论 24.11　△ABC 内接于直径为 d 的圆中，圆周角 ACB 所对的弦长 AB 为

$$AB = d\sin\angle C. \tag{24-8}$$

证明　如图 24-7，作直径 BD，则 $\angle BAD$ 是半圆所对的圆周角，故为直角；又由圆周角定理，同弧所对的 $\angle C = \angle D$. 在直角 △BAD 中应用正弦与边比关系有

$$\sin\angle C = \sin\angle D = \frac{AB}{BD} = \frac{AB}{d}, \tag{24-9}$$

于是得（24-8）式，证毕.

我们用完全不同的方法又一次推出了正弦定理.

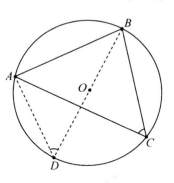

图 24-7

推论 24.12（正弦定理）　△ABC 内接于直径为 d 的圆中，则有

$$\frac{a}{\sin A} = \frac{b}{\sin B} = \frac{c}{\sin C} = d. \tag{24-10}$$

这使我们有了新的发现，原来正弦定理中三角形的边和对角正弦的比值有一个鲜明的几何意义，它等于三角形外接圆的直径！

回顾前面推出的正弦定理（4-1）式中，角的正弦与对边的比值为

$$\frac{2\triangle ABC}{abc} = \frac{\sin A}{a} = \frac{\sin B}{b} = \frac{\sin C}{c},$$

两式比较即得

$$d = \frac{abc}{2\triangle ABC}, \tag{24-11}$$

再用三角形面积等于底乘高的一半的公式，以 h_a 表示△ABC 在 BC 边上的高，将 $2\triangle ABC = a h_a$ 代入（24-11）式，得到比较简单的

$$d = \frac{bc}{h_a}, \tag{24-12}$$

从而有

推论 24.13　三角形外接圆的直径等于其任两边的乘积与第三边上的高之

比.

前面已经知道,经过不在一条直线上的三个点,有而且只有一个圆.

从三个点想到四个点,是提出问题的典型思路.

既然三个点已经确定了一个圆,这第四个点就不一定在前三个点所确定的圆上.于是问题的提法就应当是:在什么条件下第四个点在前三个点所确定的圆上?这里点的先后顺序可以任意安排,所以更简单而且合理的问题是:四点共圆的条件是什么?

推论 24. 14 若 C 和 D 在直线 AB 的同侧,则 A,B,C,D 四点共圆的充分必要条件是 $\angle ACB = \angle ADB$.

证明 若 A,B,C,D 四点共圆且 C 和 D 在直线 AB 的同侧,如图 24-8,由圆周角定理,$\angle ACB = \angle ADB$,这证明了条件的必要性.

反过来,若 $\angle ACB = \angle ADB$ 且 C 和 D 在直线 AB 的同侧,作 $\triangle ABC$ 的外接圆,如图 24-9.由推论 24.7,点 D 在弓形 $\overset{\frown}{ACB}$ 内则 $\angle ACB < \angle ADB$;点 D 在弓形 $\overset{\frown}{ACB}$ 外则 $\angle ACB > \angle ADB$;都和条件 $\angle ACB = \angle ADB$ 矛盾,故点 D 在弓形 $\overset{\frown}{ACB}$ 上,这证明了条件的充分性.证毕.

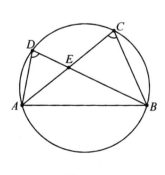

图 24-8

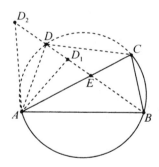

图 24-9

略加思考就知道,在图 24-9 中,由条件 $\angle ACB = \angle ADB$ 可推出 $\triangle ADE$ 相似于 $\triangle BCE$,进而有 $\triangle ABE$ 相似于 $\triangle DCE$,于是 $\angle ACD = \angle ABD$,$\angle BDC = \angle BAC$,$\angle DAC = \angle DBC$;

从而有

$$\angle ADC + \angle ABC = \angle ADB + \angle BDC + \angle ABD + \angle DBC$$

$$= \angle ACB + \angle BAC + \angle ACD + \angle DAC$$

$$= \angle BCD + \angle BAD.$$

这表明四边形 $ABCD$ 对角互补. 由例 22.5 中所证明的，有一点 P 到 $ABCD$ 的四个顶点距离相等，即 A，B，C，D 四点共圆.

上面充分性的证明用了排除不可能情形的间接证法. 能不能直接证明呢？

我们来试试. 仍设 $\angle ACB = \angle ADB$ 且 C 和 D 在直线 AB 的同侧. 如果三角形 ABC 和 ABD 的外接圆半径分别为 r 和 s，根据推论 24.11，应当有

$$2r \cdot \sin\angle ACB = AB = 2s \cdot \sin\angle ADB, \tag{24-13}$$

于是 $r = s$，即两个三角形外接圆半径都为 r. 只要再证明两个三角形外接圆的圆心重合即可. 如图 24-10 和 24-11，两个三角形的外心都在 AB 的中垂线上，而且到 A 的距离等于半径 r. 果 $\angle ACB = \angle ADB$ 为直角，两个三角形的外心都是 AB 中点. 如果它们不是直角，可能是外心的点只有两个，图中分别记作 O 和 P. 根据推论 24.10，若 $\angle ACB = \angle ADB$ 为锐角，如图 24-10，外心在三角形内，两个三角形的外心只能是点 O；若 $\angle ACB = \angle ADB$ 为钝角，如图 24-11，外心在三角形外，两个三角形的外心也只能是点 O，即 A，B，C，D 四点共圆.

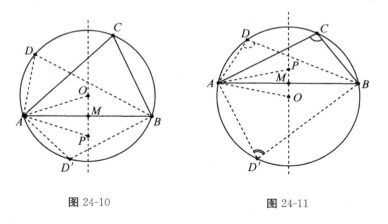

图 24-10　　　　　　　　　　图 24-11

推论 24.15　若 B 和 D 在直线 AC 的两侧，则 A，B，C，D 四点共圆的充分必要条件是 $\angle ABC$ 和 $\angle ADC$ 互补；或者说，$\angle ADC$ 等于 $\angle ABC$ 的外角.

证明 若 B 和 D 在直线 AC 的两侧，且 A，B，C，D 四点共圆，如图 24-12；根据圆周角定理可得

$$\angle ADC + \angle ABC = \frac{1}{2}\left(\mathrm{dg}\left(\overparen{ABC}\right) + \mathrm{dg}\left(\overparen{ADC}\right)\right)$$

$$= \frac{360°}{2} = 180°, \tag{24-14}$$

这时外角 $\angle EBC = 180° - \angle ABC = \angle ADC$. 这证明了条件的必要性.

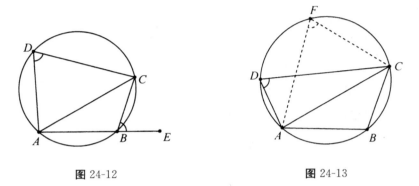

图 24-12　　　　　　　　　图 24-13

反之，设 B 和 D 在直线 AC 的两侧且 $\angle ABC$ 和 $\angle ADC$ 互补；如图 24-13，作三角形 ABC 的外接圆，在 $\angle ABC$ 所对的弧上取点 F，由已经证明的必要性知道 $\angle AFC$ 和 $\angle ABC$ 互补，所以 $\angle AFC = \angle ADC$. 由推论 24.14，D 在三角形 ACF 的外接圆上，也就是三角形 ABC 的外接圆上；即 A，B，C，D 四点共圆. 这证明了条件的充分性. 证毕.

四个顶点在同一个圆上的四边形叫做圆内接四边形. 上述推论可以简单地表述为

推论 24.16 圆内接四边形对角互补；并且任何一个外角等于它的内对角. 反之，对角互补的四边形是圆内接四边形.

不用圆周角定理，能够直接证明圆内接四边形对角互补吗？

其实，直接用等腰三角形两底角相等的性质就能推出圆内接四边形对角互补，只是注意分两种情形来计算.

在图 24-14 情形，圆心在四边形内，由四边形内角和为 $360°$ 有

$$2（\angle 1+\angle 2+\angle 3+\angle 4）=360°, \tag{24-15}$$

所以

$$\angle BAD+\angle BCD=（\angle 1+\angle 4）+（\angle 2+\angle 3）=180°. \tag{24-16}$$

在图 24-15 的情形，则有

$$2（\angle 2+\angle 3+\angle 4-\angle 1）=360°, \tag{24-17}$$

所以

$$\angle BAD+\angle BCD=（\angle 2-\angle 1）+（\angle 4+\angle 3）=180°. \tag{24-18}$$

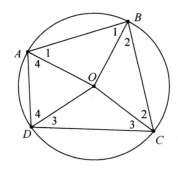

图 24-14

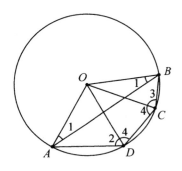

图 24-15

两种情形下都证明了所要的结论.

从圆内接四边形对角互补出发，也能够推出圆周角定理.

圆周角定理的推论暂时说到这里. 下一节的内容，仍然是圆周角定理的推论.

下面这个有趣的例子，把圆周角定理用得淋漓尽致.

【例 24.1】 如图 24-16，任意五角星的五个角上各作一个外接圆. 相邻两圆有一个新产生的交点，求证：这五个新的交点 K，L，M，N，P 在同一个圆上.

证明 如图 24-16

（1）$\angle AJK=\angle AFK$ （圆周角定理；已知 A，J，F，K 共圆）；

（2）$\angle AFK=\angle BCK$ （圆内接四边形性质；

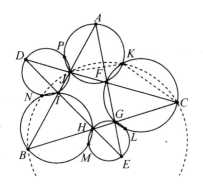

图 24-16

已知 C，G，F，K 共圆）；

(3) $\angle AJK = \angle BCK$（等式传递；(1)、(2)）；

(4) B，J，K，C 共圆（圆内接四边形条件；(3)）；

(5) B，J，N，C 共圆（与 (1) ～ (4) 同理）；

(6) B，N，J，K，C 共圆（三点定圆；(4)、(5)）；以下如图 24-17.

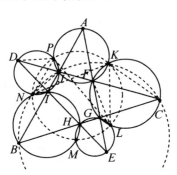

(7) $\angle JNK = \angle JCK$（圆周角定理；(6)）；

(8) $\angle JCK = \angle FLK$（圆周角定理；已知 L，C，F，K 共圆）；

(9) $\angle JNK = \angle FLK$（等式传递；(7)、(8)）；

(10) $\angle FLP = \angle JNP$（与 (1) ～ (9) 同理）；

(11) $\angle PNK = \angle JNP + \angle JNK = \angle FLP + \angle FLK = \angle PLK$（等式相加；(9)、(10)）；

图 24-17

(12) N，P，K，L 共圆（四点共圆条件；(11)）；

(13) M，P，K，L 共圆（与 (1) ～ (12) 同理）；

(14) M，N，P，K，L 共圆（三点定圆；(12)、(13)）. 证毕.

【例 24.2】　（托勒密定理）　设 $ABCD$ 是圆内接四边形，则

$$AB \cdot CD + AD \cdot BC = AC \cdot BD. \qquad (24\text{-}19)$$

证明　如图 24-18，过 D 作 AC 的平行弦 DF，则由平行弦所夹弧相等和圆周角定理以及等弧对等弦可得：$AD = CF$，$CD = AF$，以及

$$\begin{aligned}
\angle BEC &= \angle CAB + \angle ABD \\
&= \angle CAB + \angle ACD \\
&= \angle CAB + \angle CAF \\
&= \angle BAF,
\end{aligned}$$

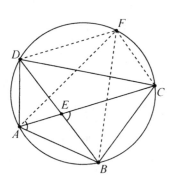

图 24-18

于是

$$AC \cdot BD \cdot \sin\angle BEC = 2\,(\triangle ABC + \triangle ACD)$$

$$=2(\triangle ABC+\triangle ACF)$$

$$=2(\triangle BAF+\triangle BCF)$$

$$=AB\cdot AF\cdot \sin\angle BAF+BC\cdot CF\cdot \sin\angle BCF$$

$$=(AB\cdot CD+BC\cdot AD)\cdot \sin\angle BAF,$$

两端约去 $\sin\angle BEC=\sin\angle BAF$,即得所要的结论.

【例 24.3】　(9 点圆)如图 24-19,$\triangle ABC$ 的三边中点为 L,M,N;三高的垂足为 D,E,F;三顶点到垂心联结线段的中点为 P,Q,R. 求证这九个点共圆.

证明　如图 24-19,过三边中点作圆. 连 MN,NL,LM,DN,RL,MR,则由三角形中位线定理,$MN\parallel BL$;同理 $ML\parallel BN$;故 $BLMN$ 为平行四边形,$\angle NBD=\angle NML$.

又因 N 是直角三角形 BDA 斜边 AB 的中点,故 $ND=NB$,$\angle NDB=\angle NBD$.

因此推出 $\angle NDB=\angle NML$,由圆内接四边形条件得 D,L,M,N 共圆.

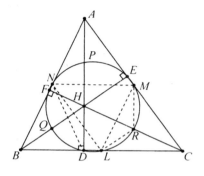

图 24-19

同理,E 和 F 也在 L,M,N 所确定的圆上.

再用三角形中位线定理得 $MR\parallel AH$,于是 $\angle RMN$ 为直角;同理 $\angle RLN$ 也为直角. 可见 R,L,M,N 四点共圆.

同理,P 和 Q 也在 L,M,N 所确定的圆上. 证毕.

习题 24.1　试用习题 4.3 所求证的等式 (4-3),结合图 24-20 导出例 24.2 所证的托勒密定理.

习题 24.2　以 AB 为弦的圆和平行四边形 $ABCD$ 的两边 AD 和 BC 交于 E 和 F. 求证:E,F,C,D 四点共圆.

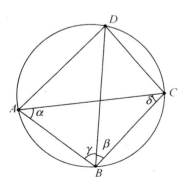

图 24-20

习题 24.3 设四边形 $ABCD$ 内接于圆，另一圆经过 A 和 B 且与 CB 和 DA 的延长线分别交于 E 和 F. 求证：$CD /\!/ EF$.

习题 24.4 求证：同圆的两个内接三角形的面积比，等于其三边乘积的比.

习题 24.5（密格尔定理） 如图 24-21，四条直线两两相交构成四个三角形 ABE，ADF，BCD，CEF. 求证：这四个三角形的外接圆交于一点.

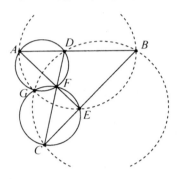

图 24-21

25. 圆幂定理以及圆的其他性质

上面已经看到，关于圆的许多性质，其实在讨论三角形和四边形的时候我们已经知道了，只是图上没有把圆画出来，文字叙述中没有用到有关圆的术语而已.

作为勾股定理的简单应用，习题 9.4 提供了这样的命题：在等腰三角形 ABC 底边 BC 所在直线上任取一点 P，则有

$$PB \cdot PC = |AB^2 - AP^2|.$$

这好像是一个普通的等式，没有多大意义. 可是把它和圆联系起来仔细考察，却有非常丰富的内容.

把习题 9.4 换一个方式来表述，就成了

命题 25.1（圆幂定理） 在 ⊙A 的弦 BC 所在直线上任取一点 P，设 ⊙A 半径为 r，$PA = d$，则有

$$PB \cdot PC = |d^2 - r^2|. \tag{25-1}$$

这里把"等腰三角形 ABC 底边"换成"$\odot A$ 的弦",腰长 AB 叫做半径 r，PA 叫做 P 到圆心距离 d. 实质相同，图上添加一个圆，给我们的感觉却大不相同，焕然一新了.

在（25-1）式中出现的量（$d^2 - r^2$）叫做点 P 关于 $\odot A$ 的幂，P 在圆内时它是负数；P 在圆外时它等于 P 到圆的切线的平方，是正数；P 在圆上则它为 0.

命题的证明是简单的. 如图 25-1，作出 BC 的中点 M，则不论点 P 是在线段 BC 上还是在它的延长线上，根据勾股定理得到

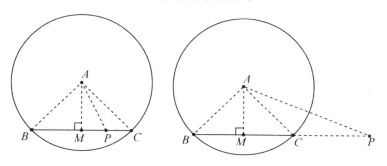

图 25-1

$$
\begin{aligned}
PB \cdot PC &= (MB + MP) \cdot |MC - MP| \\
&= (MB + MP) \cdot |MB - MP| \\
&= |MB^2 - MP^2| \\
&= |(AB^2 - AM^2) - (AP^2 - AM^2)| \\
&= |d^2 - r^2|.
\end{aligned}
$$

仔细考察等式（25-1），发现一个令人惊讶的事实，就是它的右端 $|d^2 - r^2|$ 居然和弦 BC 无关！也就是说，如果过点 P 再作一条直线和圆交于 E 和 F，则乘积 $PE \cdot PF$ 仍然等于 $|d^2 - r^2|$. 这个事实在不同的情形可以用不同的方式来表述.

当 P 在圆内，圆幂定理就是相交弦定理：

命题 25.2（相交弦定理）　圆内两弦相交，被交点分成的两条线段长的积

相等。

当 P 在圆外，圆幂定理就是两割线定理：

命题 25.3（两割线定理）　圆内两弦的延长线相交，被交点外分成的两条线段长的积相等．

相交弦定理和两割线定理的图示分别如图 25-2 和 25-3，两者的表达同为

$$PA \cdot PB = PC \cdot PD. \tag{25-2}$$

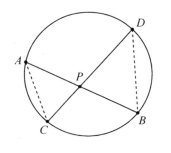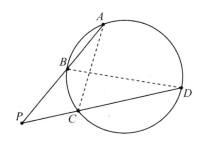

图 25-2　　　　　　　　　　图 25-3

不用命题 25.1，也很容易证明这个等式：由圆周角定理得 $\angle A = \angle D$，又显然有 $\angle APC = \angle DPB$，于是 $\triangle APC$ 相似于 $\triangle DPB$，从而

$$\frac{PA}{PC} = \frac{PD}{PB},$$

即 $PA \cdot PB = PC \cdot PD.$ 这证明适用于上面两种情形．

也可以用正弦定理简单地推导

$$\frac{PA}{PC} = \frac{\sin \angle PCA}{\sin \angle PAC} = \frac{\sin \angle PBD}{\sin \angle PDB} = \frac{PD}{PB}. \tag{25-3}$$

用共角定理也能证明（25-2）式，读者不妨一试．

从（25-2）式中表面上只能看出两个乘积相等，不知道它们等于多少；而（25-1）式提供了更多的信息，知道它们等于 $|d^2 - r^2|$．其实，认真想一想，既然 AB 和 CD 是经过 P 点的任意弦，就可以取一条容易计算的特殊的弦把这个乘积算出来．例如，取一条通过圆心的弦来计算，就容易求出结果 $|d^2 - r^2|$ 来．

如果两条割线中有一条距离圆心逐渐变远，当它到圆心的距离等于半径时，这条割线就变成了切线，上述命题就成了切割线定理．

命题 25.4（切割线定理） 从圆外一点引圆的切线和割线，则切线的平方等于此点到割线与圆的两交点距离的乘积.

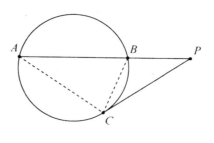

图 25-4

切割线定理的图示如图 25-4，其表达为

$$PA \cdot PB = PC^2. \qquad (25-4)$$

将圆幂定理（命题 25.1）和切线长公式 (23-5) 联系起来，立刻得（25-4）式.

不用命题 25.1，也很容易证明这个等式：由圆周角定理和弦切角定理得 $\angle A = \angle BCP$，又显然有 $\angle APC = \angle CPB$，于是 $\triangle APC$ 相似于 $\triangle CPB$，从而

$$\frac{PA}{PC} = \frac{PC}{PB},$$

即 $PA \cdot PB = PC^2$.

容易推出，上面几个命题不仅是四点共圆的性质，也是四点共圆的充分条件. 例如：

命题 25.5 两线段 AB 和 CD 相交于 P 若 $PA \cdot PB = PC \cdot PD$，则 A，B，C，D 四点共圆.

证明很简单. 参看图 25-2，由条件 $PA \cdot PB = PC \cdot PD$ 得

$$\frac{PA}{PC} = \frac{PD}{PB},$$

又显然有 $\angle APC = \angle DPB$，于是 $\triangle APC$ 相似于 $\triangle DPB$，从而 $\angle CAB = \angle CDB$，这证明了 A，B，C，D 四点共圆.

更直接的证明方法是作 $\triangle ABC$ 的外接圆，作出圆和直线 CD 的交点 E. 根据相交弦定理有

$$\frac{PA}{PC} = \frac{PE}{PB},$$

故 $PE = PD$，从而 D 和 E 重合，即 A，B，C，D 四点共圆.

【例 25.1】 如图 25-5，过 A 和 B 两点作四个圆，自 AB 延长线上一点 P 作各圆的切线，切点分别为 C，D，E，F，求证这四个切点共圆.

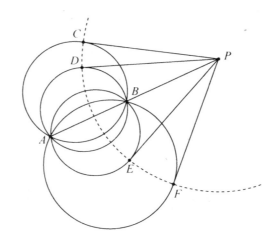

图 25-5

证明 由切割线定理得

$$PA \cdot PB = PC^2 = PD^2 = PE^2 = PF^2.$$

所以 $PC = PD = PE = PF$，这表明 C，D，E，F 在以 P 为心 PC 为半径的圆上．证毕．

【例 25.2】 （蝴蝶定理） 设圆内三弦 AB，CD，EF 相交于 AB 的中点 M，弦 DE 和 CF 分别与 AB 交于 G 和 H（图 25-6）．

求证：$MG = MH.$

证明 如图 25-6，有 $\angle D = \angle F$，$\angle E = \angle C$，$\angle 1 = \angle 2$，$\angle 3 = \angle 4$．用共角定理，再用相交弦定理得

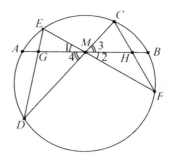

图 25-6

$$1 = \frac{\triangle MGE}{\triangle MHF} \cdot \frac{\triangle MHF}{\triangle MGD} \cdot \frac{\triangle MGD}{\triangle MHC} \cdot \frac{\triangle MHC}{\triangle MGE}$$

$$= \frac{ME \cdot MG}{MF \cdot MH} \cdot \frac{MF \cdot HF}{MD \cdot GD} \cdot \frac{MD \cdot MG}{MC \cdot MH} \cdot \frac{MC \cdot HC}{ME \cdot GE} \quad \text{（共角定理）}$$

$$= \frac{MG^2}{MH^2} \cdot \frac{HF \cdot HC}{GD \cdot GE} = \frac{MG^2}{MH^2} \cdot \frac{HA \cdot HB}{GA \cdot GB} \quad \text{（相交弦定理）}$$

$$= \frac{MG^2}{MH^2} \cdot \frac{(MA + MH) \cdot (MB - MH)}{(MA - MG) \cdot (MB + MG)}$$

$$= \frac{MG^2}{MH^2} \cdot \frac{(MA^2 - MH^2)}{(MA^2 - MG^2)} \quad (MA = MB),$$

所以

$$MG^2 (MA^2 - MH^2) = MH^2 (MA^2 - MG^2),$$

整理得到 $MG^2 = MH^2$，证毕．

习题 25.1 在例 25.2 中，如果 G 和 H 在圆外（如图 25-7），试证明同样的结论．

习题 25.2 圆内相互垂直的两弦 AB 和 CD 交于 E．过 E 作 AD 的垂线，交 AD 于 F，交 BC 于 G（如图 25-8）．求证：G 是 BC 中点．

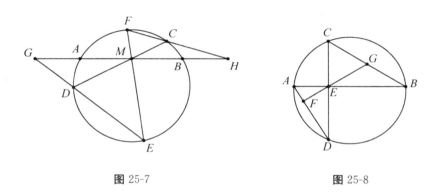

图 25-7 图 25-8

26．正切和余切

圆幂定理的关键常数是点到圆的幂，当点在圆外时就是切线长的平方．下面从另一个角度看切线长．

命题 26.1 自圆外一点 P 引两切线 PA 和 PB．A 和 B 为切点，$\overparen{AB}$ 所对的圆周角为 α，圆半径为 r，则有

$$PA = \frac{r \cdot \sin \alpha}{\cos \alpha}. \tag{26-1}$$

证明 如图 26-1，由弦切角定理和圆周角定理，$\angle PAB = \angle PBA = \angle ACB = \alpha$．应用面积公式得

$$PA \cdot AB \cdot \sin \alpha = 2\triangle PAB = PA \cdot PB \cdot \sin(180° - 2\alpha), \tag{26-2}$$

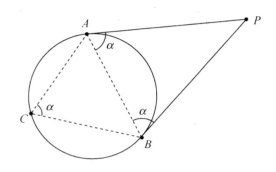

图 26-1

再用弦长公式 $AB=2r\sin\alpha$ 和倍角公式 $\sin 2\alpha=2\sin\alpha\cdot\cos\alpha$ 以及 $PA=PB$ 得

$$PA=\frac{AB\cdot\sin\alpha}{\sin 2\alpha}=\frac{2r\cdot(\sin\alpha)^2}{2\sin\alpha\cdot\cos\alpha}=\frac{r\cdot\sin\alpha}{\cos\alpha}.\tag{26-3}$$

命题得证.

上面在计算切线时，出现了比值 $\sin\alpha/\cos\alpha$，这是一个很有用的比，数学中特别给它一个专用的符号 $\tan\alpha$：

定义 26.1 对于 $0°\leqslant\alpha\leqslant 180°$，$\alpha\neq 90°$，比值 $\cos\alpha/\sin\alpha$ 叫做角 α 的正切，记作 $\cot\alpha$.

对应地，还有

定义 26.2 对于 $0°<\alpha<180°$，比值 $\sin\alpha/\cos\alpha$ 叫做角 α 的余记作 $\cot\alpha$.

关于正切和余切，有

命题 26.2 正切和余切的基本性质：

（ⅰ）倒数关系：$\tan\alpha\cdot\cot\alpha=1$（$\alpha\neq 0°$，$90°$，$180°$）；

（ⅱ）余角关系：当 $0°<\alpha\leqslant 90°$ 时有 $\cot\alpha=\tan(90°-\alpha)$，

当 $90°\leqslant\alpha<180°$ 时有 $\cot\alpha=-\tan(\alpha-90°)$；

（ⅲ）补角关系：$\tan(180°-\alpha)=-\tan\alpha$（$\alpha\neq 90°$），

$$\cot(180°-\alpha)=-\cot\alpha\ (\alpha\neq 0°,\ 180°)；$$

（ⅳ）若 $\angle ACB$ 为直角，则在直角 $\triangle ABC$ 中

$$\tan A=\cot B=\frac{a}{b},\qquad \tan B=\cot A=\frac{b}{a};$$

（Ⅴ）增减性：当 $0°\leqslant\alpha<\beta<90°$ 或 $90°<\alpha<\beta\leqslant180°$时，$\tan\alpha<\tan\beta$，当 $0°<\alpha<\beta<180°$时，$\cot\alpha>\cot\beta$.

这些性质都容易从正弦和余弦的性质推出，请读者自行验证.

前面说过，余弦是余角的正弦；这里，余切是余角的正切.

有了正切的记号，切线长公式（26-1）可以写成更简单的

$$PA=r\tan\alpha,\qquad(26\text{-}4)$$

这个公式也说明了"正切"这个词的来历.

按传统的习惯，锐角正切（余切）是在直角三角形中用锐角的对边和邻边的比值（邻边和对边的比值）来定义的. 钝角的正切（余切）则用另外的方法定义. 我们这里用正弦和余弦来定义，可以同时定义锐角和钝角的正切和余切，并且可以用正弦余弦的性质方便地推出正切和余切的性质.

命题 26.3（正切和差角公式）　对于使得下列表达式有意义的 A 和 B，有

$$\tan(A+B)=\frac{\tan A+\tan B}{1-\tan A\cdot\tan B},\qquad(26\text{-}5)$$

$$\tan(A-B)=\frac{\tan A-\tan B}{1+\tan A\cdot\tan B}.\qquad(26\text{-}6)$$

证明　按定义并应用正弦和角公式和余弦和角公式有

$$\tan(A+B)=\frac{\sin(A+B)}{\cos(A+B)}$$

$$=\frac{\sin A\cdot\cos B+\cos A\cdot\sin B}{\cos A\cdot\cos B-\sin A\cdot\sin B}$$

$$=\frac{\tan A+\tan B}{1-\tan A\cdot\tan B},$$

这证明了正切和角公式. 类似地有

$$\tan(A-B)=\frac{\sin(A-B)}{\cos(A-B)}$$

$$=\frac{\sin A\cdot\cos B-\cos A\cdot\sin B}{\cos A\cdot\cos B+\sin A\cdot\sin B}$$

$$=\frac{\tan A-\tan B}{1+\tan A\cdot\tan B}.$$

证毕.

命题 26.4（余切和差角公式） 对于使下列表达式有意义的 A 和 B，有

$$\cot (A+B) = \frac{\cot A \cdot \cot B - 1}{\cot A + \cot B}, \tag{26-7}$$

$$\cot (A-B) = \frac{\cot A \cdot \cot B + 1}{\cot B - \cot A}, \tag{26-8}$$

证明 按定义并应用正弦和角公式和余弦和角公式有

$$\cot (A+B) = \frac{\cos (A+B)}{\sin (A+B)}$$

$$= \frac{\cos A \cdot \cos B - \sin A \cdot \sin B}{\sin A \cdot \cos B + \cos A \cdot \sin B}$$

$$= \frac{\cot A \cdot \cot B - 1}{\cot A + \cot B},$$

这证明了余切和角公式. 类似地有

$$\cot (A-B) = \frac{\cos (A-B)}{\sin (A-B)}$$

$$= \frac{\cos A \cdot \cos B + \sin A \cdot \sin B}{\sin A \cdot \cos B - \cos A \cdot \sin B}$$

$$= \frac{\cot A \cdot \cot B + 1}{\cot B - \cot A}.$$

证毕.

从特殊角的正弦和余弦的值，可以求出其正切和余切的值.

命题 26.5 特殊角的正切和余切的值，如表 26-1.

表 26-1 特殊角的正切和余切

tan	0°	30°	45°	60°	90°	120°	135°	150°	180°
cot	90°	60°	45°	30°	0°，180°	150°	135°	120°	90°
	0	$\frac{\sqrt{3}}{3}$	1	$\sqrt{3}$	无意义	$-\sqrt{3}$	-1	$\frac{-\sqrt{3}}{3}$	0

根据正弦和余弦的勾股关系，容易推出正切、余切和正弦余弦间的勾股关系.

命题 26.6 对于使得下列表达式有意义的 A，正切、余切和正弦、余弦间有

下列关系：

$$1+\tan^2 A=\frac{1}{\cos^2 A},\qquad\qquad (26\text{-}9)$$

$$1+\frac{1}{\tan^2 A}=\frac{1}{\sin^2 A},\qquad\qquad (26\text{-}10)$$

$$1+\cot^2 A=\frac{1}{\sin^2 A},\qquad\qquad (26\text{-}11)$$

$$1+\frac{1}{\cot^2 A}=\frac{1}{\cos^2 A}.\qquad\qquad (26\text{-}12)$$

证明 应用定义和正弦与余弦的勾股关系得

$$\tan^2 A=\frac{\sin^2 A}{\cos^2 A}=\frac{1-\cos^2 A}{\cos^2 A}=\frac{1}{\cos^2 A}-1,$$

移项得（26-9）式．类似地有

$$\tan^2 A=\frac{\sin^2 A}{\cos^2 A}=\frac{\sin^2 A}{1-\sin^2 A}.$$

两端取倒数再移项得（26-10）式．从（26-9）和（26-10）式用正切和余切的倒数关系得其余两式．

正切的重要应用，是用来定量描述斜坡倾斜程度．如图 26-2，堤坝的顶部边沿到同侧堤脚的水平距离为 6 m，垂直高差为 2 m，则描述堤坡倾斜程度的斜率为

$$\frac{2}{6}=\frac{1}{3},$$

这斜率正是堤坡平面和水平地平面所成的二面角 $\angle BAD$ 的正切．

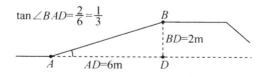

图 26-2

类似于正弦，用正切表或计算器可以查出角的正切值，或根据角的正切值求角度．如果不用正切的概念和记号，在图 26-2 中已知 AD 和 BD，求堤坡平面和

水平地平面所成的二面角 $\angle BAD$ 时，要先用勾股定理求出 $\triangle ABD$ 的斜边 $AB=\sqrt{2^2+6^2}$（m）$=2\sqrt{10}$（m），再用等式

$$\sin\angle BAD=\frac{BD}{AB}=\frac{1}{\sqrt{10}}\approx0.3162,$$

用计算器查出 $\angle BAD\approx18.43°$. 若使用正切的概念和记号，可以直接用等式

$$\tan\angle BAD=\frac{BD}{AD}=\frac{1}{3}\approx0.3333,$$

同样用计算器查出 $\angle BAD\approx18.43°$. 可见引入正切在有些情形可以简化计算过程.

【例 26.1】 在图 26-3 中，$\odot O$ 半径为 1，OA 和 OC 是 $\odot O$ 的相互垂直的两条半径，FA 是切线，FO 和圆交于 B，过 C 的切线和 FO 交于 E. 试指出图中哪些线段的长度分别等于 $\angle BOA=\alpha$ 的正弦、余弦、正切和余切的值.

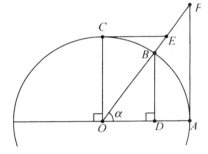

图 26-3

解 注意到 $OA=OB=OC=1$，根据直角三角形中锐角的正弦、余弦、正切和余切与边长比的关系，得到

$$\sin\alpha=\frac{BD}{OB}=BD,\qquad \cos\alpha=\frac{OD}{OB}=OD,$$

再注意有 $\triangle ODB\backsim\triangle OAF\backsim\triangle ECO$ 可得

$$\tan\alpha=\frac{AF}{OA}=AF$$

$$\cot\alpha=\frac{OD}{BD}=\frac{CE}{OC}=CE.$$

【例 26.2】 利用正切和角公式，计算

$$(\sqrt{3}+\tan 7°)\cdot(\sqrt{3}+\tan 23°).$$

解 注意到 $7°+23°=30°$ 是特殊角，设所求值为 x，展开便得

$$x = 3 + \sqrt{3}\ (\tan 7° + \tan 23°)\ + \tan 7° \cdot \tan 23°. \qquad (26\text{-}13)$$

用正切和角公式, 有

$$\frac{\tan 7° + \tan 23°}{1 - \tan 7° \cdot \tan 23°} = \tan\ (7° + 23°)\ = \tan 30° = \frac{1}{\sqrt{3}}, \qquad (26\text{-}14)$$

所以

$$\sqrt{3}\ (\tan 7° + \tan 23°)\ = 1 - \tan 7° \cdot \tan 23°. \qquad (26\text{-}15)$$

将 (26-15) 式代入 (26-13) 式得 $x = 4$, 所以

$$(\sqrt{3} + \tan 7°)\ \cdot\ (\sqrt{3} + \tan 23°)\ = 4.$$

习题 26.1　在图 26-4 中, $AB = 1$, 以 AB 为直径作圆, 在圆上取不同于 A 和 B 的点 C, 过 A 点的切线和直线 BC 交于 D, 过 B 点的切线和直线 AC 交于 E. 试指出图中哪些线段的长度分别等于 $\angle ABC = \beta$ 的正弦、余弦、正切和余切的值.

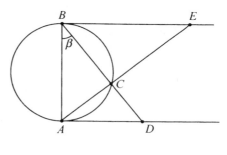

图 26-4

习题 26.2　设 $20° \leqslant A \leqslant 60°$, 计算

$$(1 - \cot\ (A + 29°))\ \cdot\ (1 + \cot\ (A - 16°)).$$

27. 两个圆的关系

前面讨论过圆和点的关系以及圆和直线的关系. 在对圆的性质有了较多了解的基础上, 可以进一步讨论两个圆的关系.

在讨论圆和直线的关系时, 我们从圆心向直线引垂足, 把圆和直线的关系归结为圆和点的关系, 这个办法能不能用来讨论圆和圆的关系?

如图 27-1, 考虑 $\odot P$ 和 $\odot Q$ 的关系. 不妨设 $\odot P$ 的半径 R 大于 $\odot Q$ 的半径 r. 联结两圆圆心的直线 PQ 叫做连心线, 它和 $\odot Q$ 交于两点 A 和 B, 这两点和 $\odot P$ 的关系, 标志了 $\odot Q$ 和 $\odot P$ 的关系.

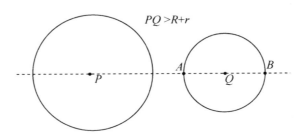

图 27-1

容易看出有五种情形：

（1）$PQ>R+r$，A 和 B 两点都在 $\odot P$ 之外，两圆没有公共点，如图 27-1，叫做两圆外离；

（2）$PQ=R+r$，A 在 $\odot P$ 上而 B 在 $\odot P$ 之外，两圆有一个公共点 A，如图 27-2，叫做两圆外切于 A，点 A 叫做切点；

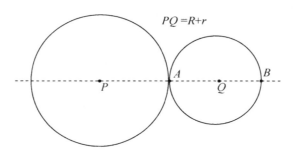

图 27-2

（3）$R-r<PQ<R+r$，A 在 $\odot P$ 内而 B 在 $\odot P$ 之外，两圆有 2 个公共点 C 和 D，如图 27-3，叫做两圆相交于 C 和 D，点 C 和 D 都叫做两圆的交点；

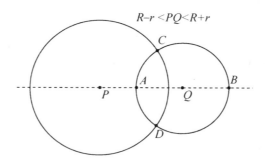

图 27-3

（4）$PQ=R-r$，A 在 $\odot P$ 之内而 B 在 $\odot P$ 上，两圆有一个公共点 B，如图 27-4，叫做两圆内切于 B，点 B 叫做切点（如果两圆半径相等，则 $PQ=0$，两圆重合）；

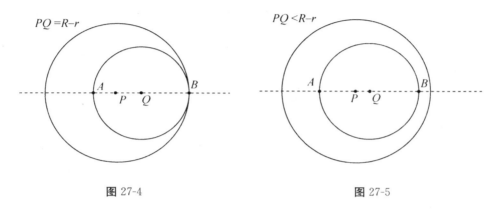

图 27-4   图 27-5

（5）$PQ<R-r$，A 和 B 两点都在 $\odot P$ 之内，两圆没有公共点，如图 27-5，叫做两圆内离.

当两圆 $\odot P$ 和 $\odot Q$ 相交时，如图 27-6，两圆心和两交点构成筝形 $PCQD$，这时 PQ 显然垂直平分 CD. 亦即有

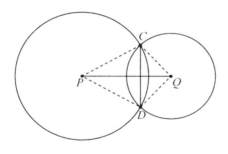

图 27-6

命题 27.1　相交两圆的连心线垂直平分其公共弦.

如果两圆相切，如图 27-2 和 27-4，则显然有

命题 27.2　相切两圆的连心线通过其切点.

事实上，如果外切的两圆连心线不过切点，由三角形不等式，两半径之和就大于两圆心的距离；如果内切的两圆连心线不过切点，由三角形不等式，两半径

之差就小于两圆心的距离；都和前述条件矛盾.

下面来讨论两圆的公切线问题.

和两个圆相切的直线叫做两圆的公切线. 若两圆在公切线的同侧,如图 27-7,则称为外公切线；若两圆在公切线的异侧,如图 27-8,则称为内公切线. 同一条公切线上两个切点间的距离, 叫做公切线的长.

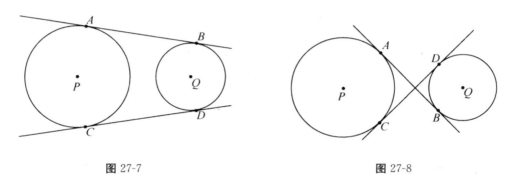

图 27-7　　　　　　　　　　　图 27-8

应用勾股定理,如图 27-9 和图 27-10,容易推出计算公切线长度的公式.

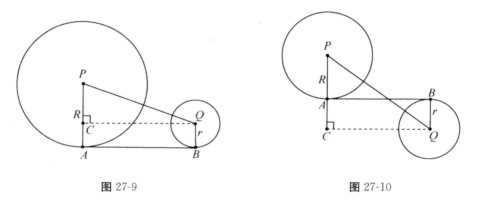

图 27-9　　　　　　　　　　　图 27-10

命题 27.3（公切线长度公式）　设两圆半径分别为 R 和 r, 两圆心距离为 d, 则外公切线长为

$$L=\sqrt{d^2-(R-r)^2},\qquad(27\text{-}1)$$

内公切线长为

$$l=\sqrt{d^2-(R+r)^2}.\qquad(27\text{-}2)$$

这两个公式的推导分别看图 27-9 和 27-10 便清楚了.

从这两个公式看出

命题 27.4（公切线的性质）　（1）两圆的外公切线长度相等，内公切线长度也相等；（2）当 $d<R+r$ 时，即两圆相交时，没有内公切线；（3）当 $d<R-r$ 时，即两圆内离时，没有外公切线；（4）当 $d=R+r$ 时，即两圆外切时，内公切线长度为 0，即两圆的内公切线和两圆相切于同一点，此点是两圆的切点，如图 27-11；（5）当 $d=R-r$ 时，即两圆内切时，外公切线长度为 0，即两圆的外公切线和两圆相切于同一点，此点是两圆的切点，如图 27-12.

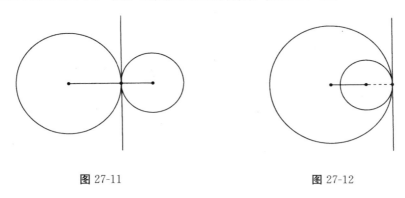

图 27-11　　　　　　　　　　　　　图 27-12

图 27-9 和 27-10 不但说明了公切线长度的计算方法，也提示了如何在图上作出两圆的公切线.

显然，在图 27-9 中，只要确定了点 C，就能作出切点 A 和 B. 因为 $\angle PCQ$ 为直角，故 C 在以 PQ 为直径的圆上；又因为 $PC=R-r$，所以 C 又在以 P 为心、半径为 $R-r$ 的圆上. 如图 27-13，这两个圆有两个交点 C 和 D. 作 PC 和 PD 分别和 $\odot P$ 交于两点 A 和 E，再过 Q 作 PA 的平行线和 $\odot Q$ 交于 B，作 PE 的平行线和 $\odot Q$ 交于 F，即可作出两条外公切线 AB 和 EF.

类似地，在图 27-10 中，只要确定了点 C，也能作出切点 A 和 B. 因为 $\angle PCQ$ 为直角，故 C 在以 PQ 为直径的圆上；又因为 $PC=R+r$，所以 C 又在以 P 为心、半径为 $R+r$ 的圆上. 如图 27-14，这两个圆有两个交点 C 和 D. 作 PC 和 PD 分别和 $\odot P$ 交于两点 A 和 E，再过 Q 作 PA 的平行线和 $\odot O$ 交于 B，作 PE 的平行线和 $\odot Q$ 交于 F，即可作出两条内公切线 AB 和 EF.

当然，如果使用动态几何软件《超级画板》，简单地执行一个菜单命令即可作出两圆的公切线．若用免费版本，可用文本作图命令实现这一操作．

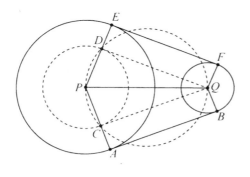

图 27-13

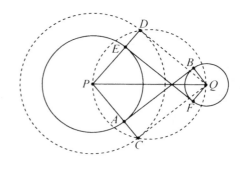

图 27-14

根据上面的分析可知五种情形下两圆的公切线的条数：①两圆内离，没有公切线；②两圆内切，一条外公切线；③两圆相交，两条外公切线；④两圆外切，两外一内共三条公切线；⑤两圆外离切，两外两内共四条公切线．

【例 27.1】 已知 $\odot P$ 和 $\odot O$ 交于两点 A 和 B，两圆的半径分别为 R 和 r，圆心距 $PQ=d$，求公共弦 AB 的长度和 $\cos\angle PAQ$（图 27-15）．

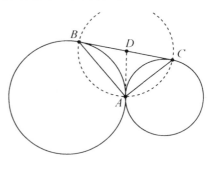

图 27-15

解 如图 27-15，设 PQ 交 AB 于 C. 因连心线垂直平分公共弦 AB，故 $AB=2AC$，且 AC 垂直于 PQ. 由余弦定理

$$\cos\angle APQ=\frac{R^2+d^2-r^2}{2Rd}, \qquad (27\text{-}3)$$

所以

$$PC=R\cdot\cos\angle APQ=\frac{R^2+d^2-r^2}{2d}, \qquad (27\text{-}4)$$

$$AC=\sqrt{R^2-PC^2}=\sqrt{R^2-\left(\frac{R^2+d^2-r^2}{2d}\right)^2}$$

$$=\frac{\sqrt{(r^2-(R-d)^2)((R+d)^2-r^2)}}{2d},$$

所以

$$AB = 2AC = \frac{\sqrt{(r^2 - (R-d)^2)((R+d)^2 - r^2)}}{d}. \qquad (27\text{-}5)$$

再用余弦定理得

$$\cos\angle PAQ = \frac{R^2 + r^2 - d^2}{2R \cdot r}. \qquad (27\text{-}6)$$

【例 27.2】 如图 27-16，⊙A，⊙B，⊙C 两两外切，并且都和同一条直线相切，切点顺次为 D，E，F. 设三圆的半径顺次为 a，b，c，求证

$$\frac{1}{\sqrt{a}} + \frac{1}{\sqrt{c}} = \frac{1}{\sqrt{b}}. \qquad (27\text{-}7)$$

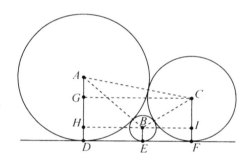

图 27-16

证明 如图，自 C 向 AD 引垂足 G，自 B 分别向 AD 和 CF 引垂足 H 和 I. 应用勾股定理得

$$DF = GC = \sqrt{AC^2 - AG^2}$$
$$= \sqrt{(a+c)^2 - (a-c)^2} = 2\sqrt{ac}, \qquad (27\text{-}8)$$

$$DE = HB = \sqrt{AB^2 - AH^2}$$
$$= \sqrt{(a+b)^2 - (a-b)^2} = 2\sqrt{ab}, \qquad (27\text{-}9)$$

$$EF = BI = \sqrt{BC^2 - CI^2}$$
$$= \sqrt{(b+c)^2 - (c-b)^2} = 2\sqrt{bc}, \qquad (27\text{-}10)$$

由 $DE + EF = DF$ 得

$$\sqrt{ab}+\sqrt{bc}=\sqrt{ac},\qquad\qquad(27\text{-}11)$$

两端同用 $\sqrt{abc}$ 除，即得所要证的等式．证毕．

【例 27.3】　如图 27-17，两圆外切于 A，并且分别和同一条直线相切于 B 和 C．已知 AB 和 AC 的长度，求 BC 的长度．

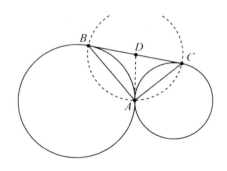

图 27-17

解　过 A 作两圆的内公切线和 BC 交于 D，由切线长定理得 $DB=DA=DC$，故点 A 在以 BC 为直径的圆上，从而 $\angle BAC$ 为直角．应用勾股定理得

$$BC=\sqrt{AB^2+AC^2}.\qquad\qquad(27\text{-}12)$$

【例 27.4】　如图 27-18，两圆的两条外公切线分别为 AB 和 CD，这里 A，B，C，D 都是切点．一条内公切线与两圆分别切于 E 和 F，与两条外公切线分别交于 P 和 Q．已知 $AB=10$，求 PQ．

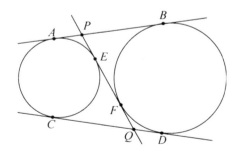

图 27-18

解　由切线长定理，$PA=PE$，$PB=PF$，$QD=QF$，$QC=QE$．
四个等式相加得

$$PA+PB+QD+QC=PE+PF+QF+QE,$$

亦即

$$AB+CD=2PQ. \tag{27-13}$$

又由 $CD=AB=10$，得 $PQ=10$.

习题 27.1 已知 $\triangle ABC$ 的三边 $AB=7$，$BC=9$，$CA=8$. 又 $\odot A$，$\odot B$，$\odot C$ 两两外切，求此三圆的半径.

习题 27.2 如图 27-19，已知 $\odot L$ 内切 $\odot O$ 于 C，并且与 $\odot O$ 的直径 AB 切于点 O；$\odot M$ 内切于 $\odot O$，外切于 $\odot L$，并且与 $\odot O$ 的直径 AB 切于点 D；已知 $AB=16$，求 $\odot L$ 和 $\odot M$ 的半径.

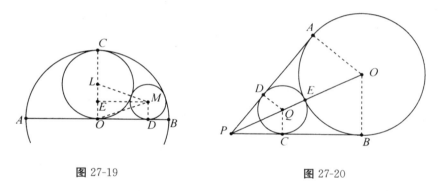

图 27-19　　　　　　图 27-20

习题 27.3 如图 27-20，已知 $\odot O$ 的直径为 20，自 P 向 $\odot O$ 作两切线分别与 $\odot O$ 切于 A 和 B，两切线夹角 $\angle APB=2\beta$. 较小的 $\odot Q$ 和 $\odot O$，PA，PB 都相切. 求 $\odot Q$ 的半径.

习题 27.4 半径为 1 的三圆两两外切，$\odot O$ 和此三圆相切，求其半径.

28. 圆的内接和外切多边形

顶点都在同一个圆上的多边形叫做圆内接多边形；该圆则叫做这个多边形的外接圆. 各边都与同一个圆相切的多边形叫做圆外切多边形；该圆则叫做这个多边形的内切圆.

我们已经知道，三角形有唯一的外接圆.

四边形不一定有外接圆. 有外接圆的四边形要满足一定的条件，这些条件在24，25 节分别做了叙述和论证，总结起来就是

命题 28.1 圆内接四边形的特征性质

（1）对角互补；

（2）外角等于内对角；

（3）一条边的两端关于对边的视角相等；

（4）两条对角线互相分成的两线段乘积相等.

下面来讨论圆的外切多边形.

外切关系和内接关系有相同点，也有不同点.

圆心到圆内接多边形各顶点距离相等，到圆外切多边形各边距离相等，都是用距离相等来描述的几何关系.

到各顶点距离相等，当然到其中任两点距离相等. 到两点距离相等的点都在联结此两点的线段的中垂线上，所以，圆内接多边形的外接圆的圆心，就是各边的中垂线的公共点.

到各边距离相等，当然到其中任两邻边距离也相等. 到两邻边距离相等的点都在这两边的夹角的分角线上（例 5.4）. 所以，圆外切多边形的内切圆的圆心，就是多边形各角的分角线的公共点.

我们已经知道（命题 18.10），三角形的三条分角线交于一点，此点叫做该三角形的内心，内心到三边的距离相等. 于是有

命题 28.2 任意三角形有唯一的内切网，其圆心是三角形的内心，圆半径等于内心到边的距离（图 28-1）.

考察了三角形的内切圆，自然想到四边形的内切圆.

有外接圆的四边形要满足一定的条件，有内切圆的四边形也要满足一定的条件.

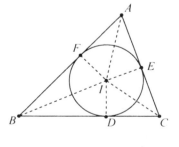

图 28-1

观察图 28-2 中的圆外切四边形，根据切线长定理有 $AF=AE$，$BF=BG$，$CH=CG$ 和 $DH=DE$. 四个等式相加得到 $AB+CD=BC+AD$. 于是有圆外切四边形的必要条件：

圆外切四边形一组对边长之和等于另一组对边长之和.

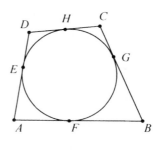

图 28-2

下面证明，上面给出的必要条件也是圆外切四边形的充分条件.

若四边形一组对边长之和等于另一组对边长之和，则此四边形必有内切圆.

如图 28-3，四边形 $ABCD$ 中有 $AB+CD=BC+AD$. 作 $\angle A$ 和 $\angle B$ 的角平分线的交点 E，自 E 向四边 AB，BC，CD，DA 引垂足 F，G，H，I，则 $EF=EG=EI$. 于是只要证明 $EH=EG$ 即可.

注意，前面例 22.6 已经给出了这件事的证明，所用的方法是间接证法.

下面再给出一个直接证法.

如图 28-3，在 BG 上取点 J，使得 $GJ=DI$，我们的策略是证明 $\triangle DEC \cong \triangle JEC$，由全等三角形对应高相等推出 $EH=EG$.

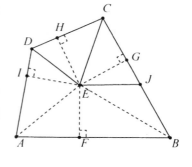

图 28-3

首先，$\triangle DEC$ 和 $\triangle JEC$ 有公共边 $EC=EC$；

其次，易知 $\triangle EGJ \cong \triangle EID$，从而 $EJ=ED$.

最后，由条件 $AB+CD=BC+AD$ 以及由分角线性质推出 $AF=AI$，$BF=BG$，从而得到

$$CD=BC+AD-AB=BC+AD-（AI+BG）$$
$$=CG+DI=CG+GJ=CJ. \tag{28-1}$$

根据"边、边、边"判定法则，得 $\triangle DEC \cong \triangle JEC$. 圆外切四边形充分条件获证.

上述证明事实上假定了点 E 在四边形 $ABCD$ 内部，如果不然，可以推出 AD

$+BC<AB$，从而和条件矛盾，这一点留给读者作为练习来证明．

现在我们得到了

命题 28.3（圆外切四边形的特征性质）　四边形有内切圆的充分必要条件，是两组对边长度之和相等．

从上面的讨论看出，边数更多的圆内接或外切多边形，需要满足更多的条件．下面我们不再探讨这些条件，而是把注意力转向一类有广泛应用的多边形，即正多边形，这类多边形既是圆内接多边形，也是圆外切多边形．

所谓正多边形，是指各边相等且各角也相等的多边形．我们最熟悉的正多边形是正三角形和正方形．此外，正五边形、正六边形、正八边形也是实际应用中常见的正多边形．

正多边形和圆有密切的关系．

命题 28.4　各边相等的圆内接多边形是正多边形．

要证明此命题，只要证明各边相等的圆内接多边形的各角相等，为此只要证明相邻的两角相等就够了．

证明　如图 28-4，设 $AB=BC=CD$ 是圆内接等边多边形的三条边，由圆周角定理得 $\angle CAB=\angle CDB.$ 又由三角形中等边对等角，有 $\angle ACB=\angle CAB=\angle CDB=\angle CBD.$ 再由三角形内角和定理得到

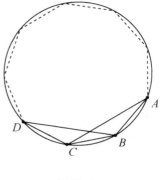

图 28-4

$$\angle ABC =180°-\angle ACB-\angle CAB$$
$$=180°-\angle CDB-\angle CBD$$
$$=\angle BCD. \qquad (28\text{-}2)$$

这证明了圆内接等边多边形邻角相等，从而各角相等．命题获证．

也可以通过直接计算角的大小来证明上述断言．事实上，圆内接等边 n 边形的一条边所对的劣弧为 $360°/n$，故多边形的每个角所对的弧为 $360°-720°/n$，故每个角的大小均为

$$180° - \frac{360°}{n} = \frac{(n-2) \cdot 180°}{n}.$$

对于圆外切多边形，有类似的命题：

命题 28.5 各角相等的圆外切多边形是正多边形.

证明 如图 28-5，设 A，B，C，D，E 是圆外切等角多边形相继的几个顶点，则有 $\angle ABC = \angle BCD = \angle CDE$. 设 M 是圆心，则由切线性质命题 23.10 可知 MB 平分 $\angle ABC$，MC 平分 $\angle BCD$，MD 平分 $\angle CDE$，因此得

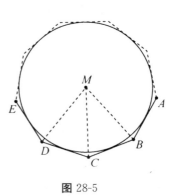

图 28-5

$$\angle MBC = \angle MDC, \qquad \angle MCB = \angle MCD. \tag{28-3}$$

再考虑到公共边 MC，可得 $\triangle MBC \cong \triangle MDC$，从而 $BC = CD$. 这证明了此多边形任意两邻边相等，即为正多边形. 证毕.

此结论也可以通过直接计算得到. 事实上，等角 n 边形的每个角的大小为 $(n-2) \times 180°/n$，而根据命题 23.10，若圆半径为 r，则圆外一点到圆的两切线的长度 l 与两条切线的夹角 α 之间有下列关系：

$$l = r\cot \frac{\alpha}{2}. \tag{28-4}$$

由此可以求出圆外切等角 n 边形的边长 a 为

$$a = 2r\cot \frac{(n-2) \times 180°}{2n}, \tag{28-5}$$

这证明了圆外切等角多边形的边长相等，从而它是正多边形.

从上面两个命题得到下面的圆内接和外切正多边形的基本作图方法.

命题 28.6 把圆周分成 n 等份（$n \geqslant 3$），则

（1）依次联结各分点所得的多边形是这个圆的内接正多边形；

（2）过各分点作圆的切线，依次联结相邻切线的交点所得的多边形是这个圆的外切正多边形.

证明 （1）因为等弧对等弦，故依次联结各分点所得的多边形是这个圆的

内接等边多边形. 由命题 28.4，它是这个圆的内接正多边形：

（2）如图 28-6，把相邻两切点 P 和 Q 与圆心

联结起来，则联结此两点的劣弧所对的圆心角

$$\angle POQ = \frac{360°}{n}.$$

设此两点处的切线的交点为 C，则

$$\angle PCQ = 180° - \frac{360°}{n},$$

这表明依次联结相邻切线的交点所得的多边形是圆

的外切等角多边形. 由命题 28.5，它是这个圆的外

切正多边形.

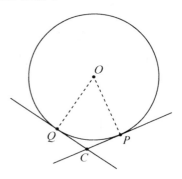

图 28-6

上面的命题说明，对于任意正整数 $n \geqslant 3$，每个圆都有外切正 n 边形和内接

正 n 边形.

反过来，是不是每个正多边形都有内切圆和外接圆呢？

我们知道，任意三角形都有内切圆和外接圆，正方形也有内切圆和外接圆.

下面证明，任意正多边形都有内切圆和外接圆.

不妨设正多边形的边数 $n \geqslant 5$，而 P，Q，R，S

是它的任意四个依次相邻的顶点，如图 28-7. 下面先

来证明这四点共圆.

事实上，由于 $\angle PQR = \angle QRS$ 和 $PQ = QR =$

RS，由边角边判定法得 $\triangle PQR \cong \triangle SRQ$，从而

$\angle QPR = \angle RSQ$. 由推论 24. 14 可知 P，Q，R，S

四点共圆.

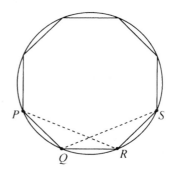

图 28-7

也就是说，P，Q，R 三点所确定的圆和 Q，R，

S 三点所确定的圆是同一个圆，从而任意三个依次相邻的顶点所确定的圆都是这

一个圆，即正多边形的所有顶点在同一个圆上. 也就是说，正多边形必有外接

圆.

设正多边形外接圆圆心为 O. 由于等弦的弦心距相等，所以圆心 O 到各边的

距离相等. 以 O 为心, 以 O 到一边的距离为半径作圆, 则此圆和每一边相切, 所以它就是此正多边形的内切圆.

上面的讨论, 证明了

命题 28.7 正多边形必有外接圆和内切圆, 且两圆的圆心是同一个点.

正多边形的外接圆的圆心 (也是内切圆的圆心), 叫做正多边形的中心; 外接圆的半径, 叫做正多边形的半径; 内切圆的半径叫做正多边形的边心距. 正多边形各边所对的外接圆的圆心角都相等; 每边所对的圆心角叫做正多边形的中心角.

边数相同的正多边形都相似, 他们的周长的比、边长的比、半径的比和边心距的比都相等, 都等于相似比, 他们的面积的比等于相似比的平方.

习题 28.1 圆内接等角多边形是否一定是正多边形?

习题 28.2 圆外切等边多边形是否一定是正多边形?

习题 28.3 求证: 圆内接等角五边形一定是正五边形.

习题 28.4 求证: 圆外切等边七边形一定是正七边形.

习题 28.5 在命题 28.2 的直接证明中, 事实上假定了点 E 在四边形 $ABCD$ 内部, 如图 28-3 所示. 那么, 点 E 会不会在四边形 $ABCD$ 外部呢? 为了确认在题设条件下点 E 一定在四边形 $ABCD$ 内部, 请观察图 28-8. 在此图中, I 是 $\triangle ABC$ 的内心, 在 AC 上取点 D, BC 上取点 E, 点 I 在线段 DE 上. 试证 $AD+BE<AB$.

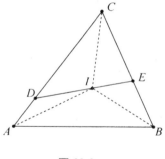

图 28-8

29. 正多边形的计算与作图

设正 n 边形半径为 R, 边长为 a, 周长为 p, 边心距为 r, 面积为 S. 只要知道了边数 n 和上述五个中的任一个, 便可以确定其他四个.

参看图 29-1, 点 O 是正 n 边形的中心, 线段 AB 是正 n 边形的一条边, OA

$=OB=R$ 是正 n 边形的半径，$\triangle ABO$ 的高 r 也就是正 n 边形的边心距．等腰 $\triangle ABO$ 的顶角即 $\angle AOB$ 的度数是 $360°/n$．于是，只要 R 和 n 定了，$\triangle ABO$ 也就定了．由图 29-1 可见，正 n 边形被它的 n 条半径分割成 n 个互相全等的等腰三角形，因而就有

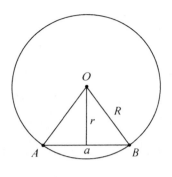

图 29-1

命题 29.1 正 n 边形的半径和各边中点到中心的连线，把它分割为 $2n$ 个互相全等的直角三角形．

根据这个命题，再用前面知道的几何知识，如弦长公式、勾股定理、三角形的面积公式等等，可以轻松推出有关正多边形的各种计算公式．

命题 29.2 正 n 边形的几个基本的计算公式：

（1）边长公式

$$a = 2R\sin\frac{180°}{n};\tag{29-1}$$

（2）周长公式

$$L = 2nR\sin\frac{180°}{n};\tag{29-2}$$

（3）边心距公式

$$r = R\cos\frac{180°}{n};\tag{29-3}$$

（4）面积公式

$$S = \frac{n}{2}R^2\sin\frac{360°}{n}.\tag{29-4}$$

从这四个公式出发，能推出许多其他公式或不等式，如已知正 n 边形面积求周长等等．

命题 29.3 对任意正整数 m，有

$$\sin\frac{180°}{m} < \frac{\pi}{m},$$

这里 π 表示单位圆的面积．

证明　若 $m=1$，显然．对于 $m>1$，在面积公式（29-4）中取 $n=2m$，且 $R=1$，得到单位圆内接正 $2m$ 边形的面积，它显然小于单位圆的面积 π，即

$$m\sin\frac{180^\circ}{m}<\pi.$$

两端同除以 m 即得所要证的不等式．

【例 29.1】　求半径为 r 的圆的外切正 n 边形的面积．

解　设此正 n 边形的外接圆半径为 R，则其面积可以用公式（29-4）计算．而 R 和 r 之间有关系（29-3），故

$$R=r\left(\cos\frac{180^\circ}{n}\right)^{-1},$$

代入式（29-4）可得所要的外切正 n 边形的面积公式

$$S=\frac{n}{2}\left(r\cos\frac{180^\circ}{n}\right)^{-2}\sin\frac{360^\circ}{n}=nr^{-2}\tan\frac{180^\circ}{\pi}. \tag{29-5}$$

在有关正多边形的计算的基础上，可以讨论有关正多边形的作图问题．

如果知道了正 n 边形的半径 R 或边心距 r，要作正 n 边形，事实上就是把半径为 R 或 r 的圆进行 n 等分的问题．

借助适当的软件用计算机来做正 n 边形，例如用《超级画板》作正 n 边形，是轻而易举的事，动动鼠标键盘，至多半分钟就够了．

在纸上用铅笔作图，可以用量角器把圆心角 n 等分，也就可以把圆 n 等分了．

也可以用公式（29-1）计算出正 n 边形的边长，再用刻度尺和圆规把圆 n 等分．

无论用计算机或用纸笔作图，理论上和实际上都是近似作图．如果假定有一套无限精密的直尺和圆规，再假定纸面是真正平坦的平面，传统的尺规几何作图在理论上就是完全精确的了．

但是，用圆规直尺并不能作出所有的正多边形，只有对一些特殊的正整数 n，可以用圆规直尺作出正 n 边形．

圆内接正方形是容易用圆规直尺作出来的，只要作互相垂直的两条直径，就

可以把圆四等分，再逐次平分中心角或弧，就可以得到圆内接正八边形（图 29-2）、正十六边形，等等．

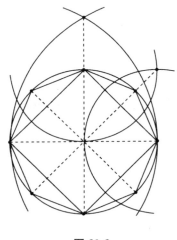

图 29-2

根据边长公式（29-1），圆内接正六边形的边长为 $2R\sin(180°/6)=R$，即等于圆的半径，所以圆内接正六边形很容易用圆规直尺作出．如图 29-3，只要以直径的两端点为心，作半径为 R 的弧和圆相交，则所得到的四个交点和直径的两端点就是圆内接正六边形的顶点，而其中两两不相邻的三个顶点则构成圆内接正三角形．这样，正十二边形、正二十四边形等也可以作出来了．

和正六边形、正四边形相比，正五边形的作图是一个比较困难但也比较有趣的问题．

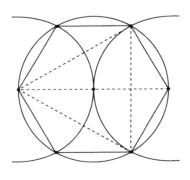

图 29-3

根据正多边形边长公式（29-1），正五边形的边长为 $a=2R\sin 36°$. 这给作图提供了线索. 在习题 10. 3 中，已经求出了 $\sin 18°=\dfrac{\sqrt{5}-1}{4}$，利用余弦倍角公式可得了

$$\cos 36°=\frac{1+\sqrt{5}}{4}.$$

能作出长度为 $2R\cos 36°$ 的弦，就不难得到长度为 $2R\sin 36°$ 的弦. 图 29-4 所示的作图步骤，思路就是这样来的.

【例 29.2】 在半径为 R 的圆中，用圆规直尺作出内接正五边形.

解 如图 29-4，具体的作图操作和道理如下：

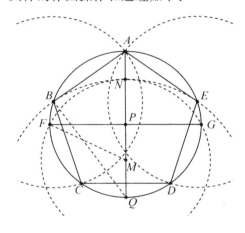

图 29-4

（ⅰ）过圆心 P 作相互垂直的两条直径 AQ 和 FG；

（ⅱ）作 PQ 的中点 M，由 $FP=R$ 和 $PM=R/2$，用勾股定理求出 $MF=R\sqrt{5}/2$；

（ⅲ）以 M 为心 MF 为半径作圆弧和 AQ 交于 N，则 $MN=R\sqrt{5}/2$，从而

$$QN=\frac{R\ (1+\sqrt{5})}{2};$$

（ⅳ）以 Q 为心，QN 为半径作圆弧和 $\odot P$ 交于 B 和 E，则 $\angle ABQ$ 为直角，且

$$\cos\angle AQB=\frac{QB}{AQ}=\frac{QN}{AQ}=\frac{R\ (1+\sqrt{5})}{4R}=\frac{(1+\sqrt{5})}{4}=\cos 36°.$$

可见 $\angle AQB=36°$，从而 $AB=AE=2R\sin 36°$，即 AB 和 AE 是圆内接正五边形的两条边．

最后就容易了．分别以 B 和 E 为心，$AB=AE$ 为半径作圆弧和 $\odot P$ 交于 C 和 D，就得到了圆内接正五边形 $ABCDE$．

能作正五边形，就能作正十边形．仔细想想，就知道还能作正十五边形．

用圆规直尺不能做正七边形和正九边形，但是能作正十七边形．正五边形的对角线，构成了正五角星形，如图 29-5．

正五边形和正五角星形有很多有趣的几何性质，下面仅举其一．

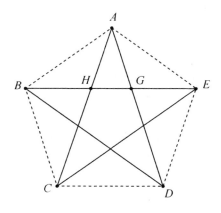

图 29-5

【例 29.3】 如图 29-5，正五边形 $ABCDE$ 的对角线 BE 分别与对角线 AC 和 AD 交于 H 和 G．求证：

$$\frac{BG}{BE}=\frac{GE}{BG},\qquad(29\text{-}6)$$

并求此比值．

解 注意到 $\angle ABH=\angle BAH=\angle AEG=\angle EAG=36°$，可得

$$\angle AHG=\angle AGH=\angle BAG=\angle EAH=\angle ABD=72°.$$

可见 $DA=DB=BE$，$BA=BG=EA=EH$，$AH=AG=BH=EG$，等等；而且诸等腰 $\triangle BDE$，$\triangle BAG$，$\triangle AGH$，…相似，从而

$$\frac{BG}{BE}=\frac{AG}{DE}=\frac{GE}{AB}=\frac{GE}{BG}.\qquad(29\text{-}7)$$

下面来计算这个比值．

考虑式（29-7）的两端并设

$$\frac{BG}{BE}=\frac{GE}{BG}=x,$$

由 $BE=BG+GE$ 得

$$\frac{BG}{BE} = \frac{BE - BG}{BG} = \frac{BE}{BG} - 1, \qquad (29\text{-}8)$$

也就是

$$x = \frac{1}{x} - 1. \qquad (29\text{-}9)$$

去分母整理后得到二次方程

$$x^2 + x - 1 = 0, \qquad (29\text{-}10)$$

解方程取正根得

$$x = \frac{\sqrt{5} - 1}{2} = 0.618033987\cdots \qquad (29\text{-}11)$$

从式（29-7）两端看到，点 G 把线段 BE 分成两段，这种分割比例满足条件：大段（BG）与全段（BE）之比，等于小段（GE）与大段（BG）之比．满足这样的条件的分割点，叫做线段的黄金分割点，这样的分割比叫做"黄金分割"比，也叫"中外比"．黄金分割有很多有趣的性质，有很多重要的应用，和自然界很多现象有关，是几何学的经典瑰宝之一．

这个比值

$$x = \frac{\sqrt{5} - 1}{2} = 0.618033987\cdots$$

称为黄金数或金数，日常应用中常取其近似值 0.618．容易算出

$$\frac{\sqrt{5} - 1}{2} = 2\cos 36° - 1.$$

习题 29.1 在半径为 R 的圆中，内接正三角形和内接正方形的边长、边心距和面积各是多少？

习题 29.2 已知正七边形的边长为 12 cm，利用正弦表计算其面积．

习题 29.3 把边长为 1 的正四边形切去四角，变成正八边形．求此正八边形的周长和面积．

习题 29.4 已知正五边形的一条边长为 3，如何用圆规直尺作出此正五边形？

习题 29.5 正五边形的五个顶点间可以连成十条线段，这十条线段的平方和记作 S_1；这十条线段构成十个三角形，这十个三角形的面积的平方和记作 S_2. 试证明 $S_1^2 = 80S_2$，并对其他常见的正多边形考虑类似的问题.

30. 与圆有关的计算

在小学里就知道圆的面积公式 $S = \pi r^2$，至于这个公式是如何得来的，我们只看到一些直观的说明，而且这些说明依赖于圆周长的计算公式.

现在可以作比较严谨的论证了.

命题 30.1 若记半径为 R 的圆的面积为 $S(R)$，并记 $S(1) = \pi$，则有

（ⅰ）
$$S(R) = \pi R^2; \tag{30-1}$$

（ⅱ）若整数 $n > 2$，则

$$\frac{n}{2} \sin \frac{360°}{n} < \pi < n \tan \frac{180°}{n}. \tag{30-2}$$

证明 分别用 S_n 和 s_n 记半径为 R 的圆的外切和内接多边形的面积. 为书写方便，记 $180°/n = \delta$，由公式（29-4）和式（29-5）可得

$$s_n = \frac{n}{2} R^2 \sin 2\delta, \quad S_n = nR^2 \tan \delta.$$

由 $s_n < S(R) < S_n$ 得

$$\frac{n}{2} R^2 \sin 2\delta < S(R) < nR^2 \tan \delta. \tag{30-3}$$

当 $R = 1$ 时得到

$$\frac{n}{2} \sin 2\delta < S(1) < n \tan \delta. \tag{30-4}$$

按约定 $S(1) = \pi$，于是式（30-4）即要证明的结论（ⅱ）.

将不等式（30-3）与式（30-4）的反向表示相比得

$$R^2 \frac{\sin 2\delta}{2\tan \delta} < \frac{S(R)}{S(1)} < 2R^2 \frac{\tan \delta}{\sin 2\delta}. \tag{30-5}$$

利用公式 $\sin 2\alpha = 2\sin \alpha \cdot \cos \alpha$ 和 $\tan \alpha = \sin \alpha / \cos \alpha$，并将各项同除以 R^2，得

$$\cos^2 \delta < \frac{S(R)}{S(1)R^2} < \frac{1}{\cos^2 \delta}. \tag{30-6}$$

当 n 足够大时，此式两端可以充分接近于 1，所以必有

$$\frac{S(R)}{S(1)R^2} = 1.$$

（若要严谨论证 $S(R)/(S(1)R^2)=1$，可用反证法．设

$$|S(R)/(S(1)R^2) - 1| = d > 0.$$

由于也有

$$\cos^2 \delta < 1 < \frac{1}{\cos^2 \delta}, \tag{30-7}$$

比较式（30-6）和式（30-7）可得

$$d = \left| \frac{S(R)}{S(1)R^2} - 1 \right| < \left| \cos^2 \delta - \frac{1}{\cos^2 \delta} \right|$$

$$= \left| \frac{(1+\cos^2 \delta)\sin^2 \delta}{1-\sin^2 \delta} \right|. \tag{30-8}$$

因为 n 可以是任意大于 1 的整数，故可以取 n，使得 $n^2 > 32 + 64/d$．由命题 29.3 和 $n^2 > 64/d$ 得

$$\sin^2 \delta < \left(\frac{\pi}{n}\right)^2 < \frac{16}{n^2} < \frac{d}{4},$$

由命题 29.3 和 $n^2 > 64/d$ 得 $1-\sin^2 \delta > 1/2$，再由 $1+\cos^2 \delta < 2$，从（30-8）式便得到

$$d < \frac{2 \cdot d}{0.5 \times 4} = d, \tag{30-9}$$

这推出了矛盾．由反证法可得 $S(R)/(S(1)R^2)=1$）即

$$S(R) = \pi R^2.$$

命题证毕．

至于圆的周长如何计算，就涉及曲线长度的概念了．一种直观的定义方法，是先把曲线"扩大"成宽度为 $2d$ 的带子（图 30-1），设带子的面积是 $s(d)$，则当 d 很小时，比值 $s(d)/(2d)$ 应当很接近这段曲线的长度．让 d 趋向于 0，比值 $s(d)/(2d)$ 的极限值就可以看成是曲线的真正的长度了．

按照这个想法计算圆周长,就要把半径为 R 的圆扩大成为一个圆环,如图 30-2. 圆环的外半径为 $R+d$,内半径为 $R-d$,则其面积为 $\pi(R+d)^2-\pi(R-d)^2=4\pi Rd$,于是

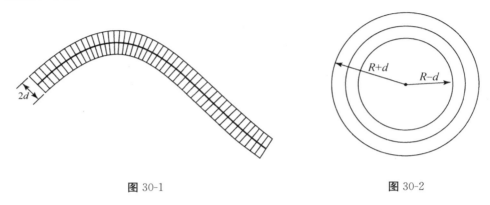

图 30-1   图 30-2

$$\frac{s(d)}{2d}=\frac{4\pi Rd}{2d}=2\pi R. \qquad (30\text{-}10)$$

这个比值与圆环的宽度 d 无关,当 d 趋向于 0 时它保持不变,这就得到圆周长的公式

$$C=2\pi R, \qquad (30\text{-}11)$$

从而有

$$\frac{C}{2R}=\pi. \qquad (30\text{-}12)$$

也就是

命题 30.2 圆的周长和直径的比值是一个常数 π,它等于单位圆的面积.

读者可能有一个疑问:很多书上都是先利用圆内接正多边形的周长取极限求圆的周长,再用周长来求面积;为何这里却是先利用圆内接和外切正多边形的面积取极限推出圆面积公式,再利用面积求周长呢?

表面上看,利用圆内接正多边形的周长取极限求圆的周长很合理,因为当边数无限增大时圆内接正多边形的图像非常接近于圆.但是,图像非常接近就能保证长度也非常接近吗?看看图 30-3,仔细想一想.

设图中正方形边长为 1,则对角线 $AC=\sqrt{2}$. 把正方形划分为若干正方形的格子，沿对角线附近的格点作一条阶梯形的折线联结 AC. 无论小方格多么小，联结 AC 的这条阶梯形的折线长度总等于 $AD+DC=2$. 当小方格分得很细很细的时候，阶梯形的折线的图像和线段 AC 可以非常接近，但两者的长度之差始终是 $2-\sqrt{2}>0.5$，不会无限接近！

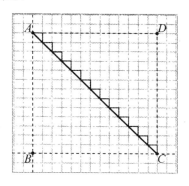

图 30-3

这表明，图像接近的两段线长度不一定接近.

所以，用圆内接正多边形的周长来逼近圆的周长的想法，需要有更充分的依据. 理解这些依据需要更多知识.

退一步说，即使假定了用圆内接正多边形的周长来逼近圆的周长是合理的，圆周长的公式的推导仍然依赖于极限概念和理论. 进一步从圆周长公式推导圆面积公式又涉及一个极限过程，这些都不容易在初等数学范围内说清楚.

按照我们这里的推理路线，不必用极限理论，都说清楚了.

有了圆面积公式，容易推出圆弧长、扇形面积、弓形面积的计算公式.

先来算圆弧. 圆周是 360° 的圆弧，长为 $C=2\pi R$，故 1° 的圆弧长为 $2\pi R/360$，即 $\pi R/180$. 于是得到圆心角为 n° 的圆弧长为

$$l=\frac{n\pi R}{180}. \tag{30-13}$$

其次来算扇形面积.

一条弧和经过此弧端点的两条半径所组成的图形叫扇形. 整个圆盘可以分成 360 个圆心角为 1° 的扇形，所以圆心角为 1° 的扇形面积为圆面积的 $1/360$，即

$\pi R^2/360$，因此，圆心角为 $n°$ 的扇形面积为

$$S_{扇}=\frac{n\pi R^2}{360}.\tag{30-14}$$

注意到圆心角为 $n°$ 的扇形的弧长 $l=n\pi R/180$，所以弧长为 l 的扇形的面积为

$$S_{扇}=\frac{lR}{2}.\tag{30-15}$$

如图 30-4，扇形面积减去或加上一个三角形面积，得到弓形面积.

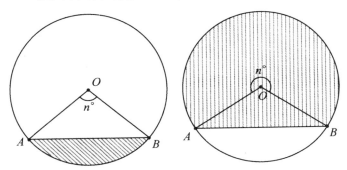

图 30-4

左图的情形，扇形 OAB 的弧是劣弧，度数 $n<180$，对应的弓形面积为

$$S_{弓}=S_{扇}-S_{\triangle OAB}=\frac{n\pi R^2}{360}-\frac{R^2\sin n°}{2}$$

$$=\frac{R^2}{2}\left(\frac{n\pi}{180}-\sin n°\right).\tag{30-16}$$

右图的情形，扇形 OAB 的弧是优弧，度数 $n>180$，对应的弓形面积为

$$S_{弓}=S_{扇}+S_{\triangle OAB}=\frac{n\pi R^2}{360}+\frac{R^2\sin (360°-n°)}{2}$$

$$=\frac{R^2}{2}\left(\frac{n\pi}{180}+\sin (360°-n°)\right).\tag{30-17}$$

在不同情形，可以根据条件用不同的方法计算三角形面积.

【例 30.1】 图 30-5 画出了运动场上有弯道的跑道的一段. 为了确定起跑线上内外圈起跑点的差距，要算出弯曲部分内外弧长度的差. 已知跑道宽 12 m，弯曲部分外弧和内弧是同心圆弧，所对的圆心角为 70°，求外弧和内弧长度之差.

解 分别记外弧和内弧的半径为 R 和 r，由题设知 $R-r=12$（m）. 由弧长

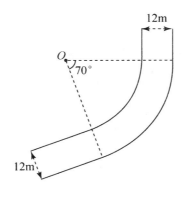

图 30-5

公式（30-13）可得两弧长度的差为

$$\frac{70\pi R}{180}-\frac{70\pi r}{180}=\frac{70\pi}{180}(R-r)=\frac{7\times12\pi}{18}=\frac{14\pi}{3}\approx14.66 \text{（m）}.$$

【例 30.2】 如图 30-6，两皮带轮的中心距离为 2 m，直径分别为 0.70 m 和 0.30 m.

（1）求皮带长；（2）如果小轮每分钟转 750 转，求大轮每分钟转多少转？

解 （1）如图，皮带的拉直部分相当于两轮的外公切线 DC 和 EF. 自小轮中心 B 向大轮的切点半径 AD 引垂足 G，则 $BG=CD=EF$，且由已知条件有 $AD=0.70/2=0.35$（m），$BC=0.30/2=0.15$（m），$AB=2$（m），$AG=AD-BC=0.20$（m），由勾股定理得

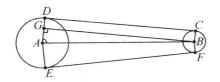

图 30-6

$$BG=\sqrt{AB^2-AG^2}=\sqrt{2^2-0.20^2}=1.9900 \text{（m）}, \tag{30-18}$$

再求出

$$\sin\angle BAG=\frac{BG}{AB}=\frac{1.9900}{2}=0.9950, \tag{30-19}$$

从而 $\angle BAG=84.27°$，于是 $\angle DAE=\angle CBF=2\angle BAG=168.5°$. 用弧长公式

（30-13）求出皮带的两段弧形部分长度为

$$\frac{(360-168.5)\,\pi R}{180}+\frac{168.5\pi r}{180}$$

$$=\frac{\pi}{180}\,(191.5\times0.35+168.5\times0.15)=1.61\,（m）. \tag{30-20}$$

结合（30-18）和（30-20）式，得皮带总长为

$$1.61+2\times1.99=5.59\,（m）.$$

（2）大轮每分钟转数为

$$\frac{小轮转数\times r}{R}=\frac{750\times0.15}{0.35}\approx321.4. \tag{30-21}$$

【例 30.3】 水平放置的圆柱形排水管截面内径为 22 cm（内径指圆管内圆的直径），其中水面高 6 cm. 求截面上有水部分的弓形的面积（图 30-7）.

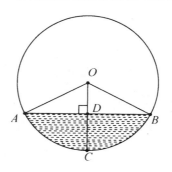

图 30-7

解 如图，由条件可知 $AO=CO=11$（cm），$CD=6$（cm），$OD=OC-CD=11-6=5$（cm），故 $\sin\angle OAD=OD/OA=5/11\approx0.45$，$\angle OAD\approx27°$，$\angle AOD=90°-\angle OAD\approx63°$，$\angle AOB=2\angle AOD\approx126°$. 于是可求出弓形 ACB 的面积为

$$S_{扇形AOB}-S_{\triangle AOB}=\frac{126\pi R^2}{360}-\frac{R^2\sin126°}{2}$$

$$=\frac{11^2}{2}\left(\frac{126\times3.142}{180}-0.81\right)\approx84\,（cm^2）.$$

习题 30.1 如图 30-8，大圆 M 的半径 MA 是小圆 N 的直径；$\odot M$ 的另两条半径 MB 和 MC 分别和 $\odot N$ 交于 P 和 O. 求证：弧 BAC 和弧 PAQ 长度相等.

习题 30.2 求单位圆内接正 180 边形和外切正 180 边形的面积，结果保留三位有效数字，计算它们与单位圆面积的差（使用数据 $\sin 1° = 0.0174524 \cdots . \pi = 3.14159 \cdots$）.

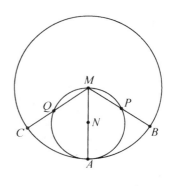

习题 30.3 在例 30.3 中，设水面高 7 cm，其他条件不变，求截面上有水部分的面积.

习题 30.4 在例 30.2 中，所有的数据不变，但皮带沿两圆的内公切线盘绕，计算皮带长.

图 30-8

习题 30.5 一个扇形的半径等于一个圆的直径，并且扇形面积等于此圆的面积. 求此扇形的圆心角.

第五站小结

圆形的物体有广泛的应用. 圆作为图形具有优美的形象. 圆具有一系列深刻有趣的几何性质. 圆的引入使平面几何变得更加丰富多彩.

圆是由平面上到一个定点的距离为定值的所有点组成的图形，圆的一切性质都源于此.

圆周上的两点连成一条弦，如果这条弦不是直径，过弦的两端作出两条半径，就得到一个等腰三角形. 此弦是等腰三角形的底，两条半径是等腰三角形的两腰，弦所对的圆心角是等腰三角形的顶角. 等腰三角形"三线合一"的性质，在这里叫做"垂径定理".

知道了圆的半径和弦长，用勾股定理可以算出弦心距. 在同一个圆中，弦变长时弦心距变小，弦变得最长成为直径时弦心距为 0，弦变得最短成为一点时弦心距等于半径.

弦所在的直线叫做圆的割线. 弦变得最短成为一点时割线成为切线. 切线和圆有唯一的公共点，就是切点. 过切点的半径垂直于切线. 反过来，过半径端点

垂直于半径的直线是圆的切线．根据垂线段最短的性质，可知切线上除切点外的其他点都在圆外．

圆周上的三点连成三条弦，构成一个圆内接三角形．此三角形的每个角都叫做此圆的圆周角，角的对边叫做圆周角所对的弦，此弦的另一侧的圆弧叫做圆周角所对的弧．反过来，也称此圆周角为此弦或此弧所对的圆周角．

如果此三角形的一条边是直径，则这条边上的中线是半径，这条半径把这个圆内接三角形分成了两个等腰三角形．应用等腰三角形底角相等和三角形内角和等于平角的性质，计算这两个等腰三角形的角，便知这两个等腰三角形拼成了一个直角三角形，而直径是斜边，从而得知半圆所对的圆周角是直角．

一般情形下，此三角形的每条边都不是直径，经过三角形顶点的三条半径就把这个圆内接三角形分成了三个等腰三角形．还是应用等腰三角形底角相等和三角形内角和等于平角的性质，计算这三个等腰三角形的角，便可得到圆周角度数等于同弧所对的圆心角度数之半这条重要而并不显然的结论．更常用的是它的推论：同弧所对的圆周角相等，即所谓圆周角定理．这是圆的众多性质中最重要的性质，也是用起来最方便的性质．圆周角的一条边成为切线时，圆周角定理变成了弦切角定理．当圆周角的顶点离开圆周时，圆周角变成了圆内角或圆外角，它们的大小和角的两边所夹的弧有关．联系着圆周角定理，我们轻松得到了圆的一系列性质，包括弦长公式、切线长公式．这些公式使我们重温正弦定理，并且进一步引出了正切和余切．

有了正切和余切，进一步得到一些公式，例如正切和余切的和角公式和差角公式．可是我们来不及在这方面深入和展开了．

在圆周上再取一个点，得到圆内接四边形，一般情形下，经过此四边形顶点的半径把它分成四个等腰三角形．再次应用等腰三角形底角相等和三角形内角和等于平角的性质，计算这四个等腰三角形的角，便可得到圆内接四边形对角互补的性质，给出圆周角定理的另一种证明方法．当然，也可以用圆周角定理推出圆内接四边形对角互补．

圆周上的四个点不一定非得连成四边形，可以变变别的花样．两点确定一条弦，四点分成两组确定两弦．两条弦如果交于圆内一点，就有相交弦定理；如果它们的延长线交于圆外一点，就有两割线定理；当一条割线和圆心的距离越来越远变成切线时，两割线定理就变成了切割线定理；这三条定理可以统一表述为圆幂定理．

与圆有关的三条最重要的定理，就是垂径定理、圆周角定理和圆幂定理．

对圆的进一步探索，涉及圆的内接和外切多边形．

因为前面已经讨论过外心和内心，这里顺理成章地肯定了任意三角形都有唯一的外接圆和内切圆．圆内接四边形的充分必要条件已经清楚，就是对角互补．至于圆外切四边形的充分必要条件，前面的例子也已经有所铺垫，这里补充了新的证明．

思考一下，有没有必要再讨论五边形、六边形内接于圆或者外接于圆的条件呢？

正多边形是一类重要的多边形．每个正多边形有唯一的内切圆和唯一的外接圆．

应用有关正弦和正切的知识，容易推出圆内接和外切正多边形的面积和周长的计算公式．圆面积的大小在外切和内接的正多边形的面积之间，由此推出圆面积等于 πR^2，这里 π 是单位圆的面积．再进一步，利用圆环面积推出圆的周长等于 $2\pi R$．这些公式在小学里都已经知道并多次使用过，现在终于说清楚了它们的来历．

对圆的性质的探索，提供了复习原有知识的很好的机会．有关圆的有些命题，就是已知命题的改头换面的重述．在推导圆的性质过程中，反复用到了等腰三角形的知识．温故知新，推陈出新，这种学习和思考的方法，在研究圆的性质的过程中，得到了很好的体现．

用"菱形面积"定义正弦的一次教学探究

宁波教育学院　崔雪芳

2007 年，张景中院士在宁波的"数学教育高级研讨班"的演讲中提到，"正弦可以定义为角度为 α 的单位菱形的面积"．我听了之后，很受感动．一位科学院院士，关注中小学教育，而且提出了很有创意的建议．我们在基层工作，应该有所呼应，于是萌发了进行一次教学实验的构想．2007 年年底，我与一位有经验的数学教师一起，在宁波一所普通初级中学的初一年级的一个普通班级上了一堂"角的正弦"的实验课．初步结果显示，学生可以懂．三角和面积相联系，比起直角三角形的"对边比斜边"定义更直观，更容易把握．当然，一节课只是初步尝试，有待进一步探究．

一、教 学 设 计

本节课的教学目标，我们认为有以下三点：

1. 利用"面积"过渡，了解正弦概念，初步理解正弦涵义；

2. 利用"折扣"这个直观的前概念探究三角形的面积、边、角与正弦的联系；

3. 探究正弦的基本性质，并能做简单的运用.

本节课教学主要分两阶段展开，第一阶段为认识正弦：主要解决用单位菱形面积去定义正弦，即用"面积"这个形象的前概念去帮助理解正弦概念；第二阶段为探究正弦：借用"折扣"这个直观的前概念，解决三角形的面积、边、角与正弦的关系及正弦的基本性质. 最后通过课堂练习，巩固对正弦的理解，拓展学生知识运用的视野. 为了使课堂更为活跃，探究性更强，我们着重在几何图形的面积变化（用数学软件几何画板）、折扣与正弦的联系上做探究.

下面是这节课的教学片段.

【片段一：认识正弦】

"正弦这个名字是什么意义，先请大家观察一个单位正方形." 上课一开始执教老师就在屏幕上打出一个单位正方形（如图1）.

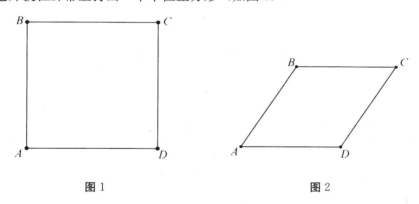

图1　　　　　　　　　　　　　　图2

师：（指着图1）正方形的每个角是几度，面积怎么计算？

生：（齐声回答）90°，面积是边长的平方，$1^2 = 1$.

师：（利用几何画板动画功能，将正方形的一个角 A 慢慢地进行变动）好！现在我让一个角 A 变动一下，面积会变吗？面积变化与什么有关？（见图2）.

生：（肯定的）会变，与角度有关！

师：对！面积变化与角 A 的变化有关！我们具体看一下，当角 A 为 30°时这个面积为多少呢？（略作停顿）为了解决这个问题，今天我们先引进一个新的数学符号：$\sin \alpha$，叫做角 α 的正弦，它表示边长为1，一个内角 A 为 α 度的菱形

$ABCD$ 的面积.

生：（思考，一下子没有回答）.

师：大家可能不好理解，关键是什么呢？（略作停顿）原因是我们暂时还不知道这个菱形面积是多少.

师：好在我们可以让计算器帮忙，它有这个功能.请同学们拿出计算器，我们一起来计算 $\sin 30°$，请同学们先按键 $\sin$，再按 30，结果是多少？

生：（纷纷回答）1/2.

师：对，$\sin 30°=1/2$，它表示边长为 1、一个角 A 为 $30°$ 的菱形面积是 1/2.现在我们是不是可以用刚才引入符号来表示讨论的结果呢？

生：（陆续回答）$\sin 30°=1/2$.

师：（板书：$\sin 30°=1/2$）好！现在我们把这个菱形面积记作 s，这个面积 s 应该是……

生：（齐声）$s=\sin 30°=1/2$.

师：我们再来看一个正方形（图 3），它由 9 个单位正方形构成，它的面积 S 为多少呢？

生：（不假思索）$S=9$.

师：（因势利导）那么，我们改变角 A 的度数，如图 4，角 A 所在的一个小菱形的面积为多少？

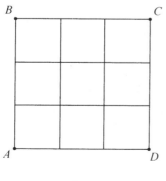

图 3

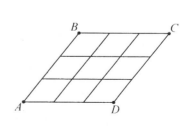

图 4

一女生：$\sin A$.

师：好！好！（教师连连称赞）那么，菱形 $ABCD$ 面积又是多少？

生：（全体齐声）9 sin A.

师：（乘势深入）好！如果把边长为 3，一个内角为 α 的菱形面积记为 s，s 为多少？

生：（似乎找到了初步的规律，兴奋地）

$$s = 9\sin \alpha. \tag{1}$$

师：太好了！请同学们写出表达式.

生：（学生回答教师板书）$s_{\text{菱形}} = 9\sin \alpha$.

师：对！这样我们可以得出什么结论呢？（学生边回答，教师边板书：设边长为 a 的正方形面积为 S，边长为 a、一个内角为 α 的菱形面积为 s，那么。$s/S = \sin \alpha$）.

师：（引申）那么，这个结论对长方形是不是成立呢？如图 5，一个一边长为 3，另一边长为 5 的长方形图形的面积 S 为多少？若将角 A 变成 α 度，则所得菱形（图 6）的面积 s 又是多少呢？

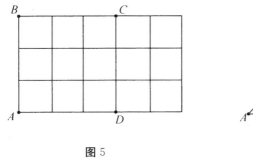

图 5

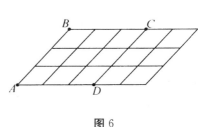

图 6

生：（很快）

$$S_{\text{长方形}} = 15；\quad s_{\text{菱形}} = 15\sin\alpha. \tag{2}$$

师：（赞许地）好！这样我们就可以得出这样一个结论：设边长分别为 a 和 b 的长方形面积为 S，边长为 a 和 b、一个内角为 α 的平行四边形面积为 s，那么 $s/S = \sin \alpha$，其中，S 是边长分别为 a 和 b 的长方形面积.

……

通过上面的讨论，学生对正弦的概念开始有了一个初步的认识，在这个过程中，"面积"概念的过渡性引人使正弦这个抽象的数学符号有了直观的模型．

【片段二：正弦再理解】

正弦的概念引入后，教师稍作巩固，并以此构建理解的第一个台阶，就开始了从特殊值到一般值的教学推进．希望能与学生一起寻找并发现帮助全面理解并掌握正弦涵义的桥梁．

师：我们继续研究边长为 1 的正方形（图 1）．通过刚才的讨论，我们已经知道当角 A 发生变化时（图 2），面积就会发生改变，而且这个改变可以用 $\sin \alpha$ 表示．为了进一步理解 $\sin \alpha$，我们先来打个比方，比如买一件商品，原来价格 100 元，现在打折，只要 80 元就够了，问这件商品打了几折？

生：打 8 折．

师：对！再回到刚才对 $\sin \alpha$ 的讨论．大家看，当角 A 为 α 时，我们可以用 $\sin \alpha$ 表示它的面积．具体地说，当 $\alpha=30°$时，$\sin \alpha=1/2$，$S_{菱形}=1/2$. 我们是否可以认为菱形面积是正方形的面积打了 5 折后得到的？在这里 $\sin 30°$相当于一个折扣．

生：（没有马上回答，似乎在思索着什么）……

师：大家再用计算器来计算一下，当 $\alpha=60°$时，菱形的面积是多少呢？

生：0.866.

师：对！因此，我们是不是同样可以认为：一个边长为 1，一个角 $\alpha=60°$的菱形面积是由单位正方形的面积约打了八六折得到的？就是：$s_{菱形}=\sin 60°\approx 0.866$.

生：（似有所悟）可以这样说．

师：（乘势引导）也就是说，在一般情形下，当角 A 为 α 时，菱形的面积 $S_{菱形}=\sin \alpha$ 可以怎样理解？

生：折扣是 $\sin \alpha$！

师：（继续引导）好！我们再来看边长为 $a=3$ 的正方形，如图 3 和 4，当角 A 为 α 时面积的折扣是多少？原来面积是 9，现在面积应该是多少？

生：折扣是 $\sin \alpha$，现在面积是 $9\sin \alpha$！

师：对！在这种情形下，sin α 还是一个折扣．当 α＝30°时，菱形面积＝9sin 30°，面积打五折了，同样当 α＝60°时，面积就约打八六折．根据上面的讨论结果，我们是不是可以这样认为：平行四边形的面积就是长方形面积打 sin α 折后得到的？

生：对！

师：我们是不是可以进一步认为，无论是单位正方形、一般正方形，还是长方形，只要它的一个角改变成 α，它的面积就打折扣了，这个折扣就是 sin α.

生：（略作思考，齐声）对！

至此，学生对正弦的概念有了一个较为完整的理解．在这个过程中，如果说"面积"这个过渡性的概念的引入使学生对"正弦"概念有了空间意义上的认识，那么，另一个过渡性概念"折扣"则使学生开始有了代数意义的初步思考．

二、"菱形面积定义正弦"教学效果的形成性检验

为了检验教学效果，我们在教学过程中穿插安排了教学效果的形成性检验．

（一）教师引导下的练习．检验方法：例题分析；检验目的，①巩固已学概念；②适当引申，并归纳出正弦性质；③为后续学习做好铺垫．

【片段三：探究正弦性质】

【例】 一个边长分别为 a 和 b 的长方形 $ABCD$，改变角 B，使它成为一个内角为 $B＝α$ 的平行四边形 $ABCD$（图7），那么平行四边形 $ABCD$ 的面积是多少？

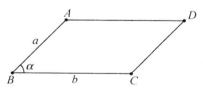

图7

师：哪位同学能回答？

生：（争先恐后）长方形 $ABCD$ 面积 ab 打一个 sin α 折扣，$S_{平行四边形}＝ab\sin α$.

师：好！两边分别为 a 和 b 夹角为 α 的三角形面积是多少？（图8）

生：（一下子没有回答）.

师：我们一起讨论，在图 7 中联结 AC，就把平行四边形 $ABCD$ 分成两个三角形，那么三角形 ABC 的面积是平行四边形 $ABCD$ 面积的……

生：（似乎豁然开朗，半数左右学生齐声）一半！

师：好！（板书）：

$$S_{\triangle ABC}=\frac{1}{2}ab\sin\alpha.$$

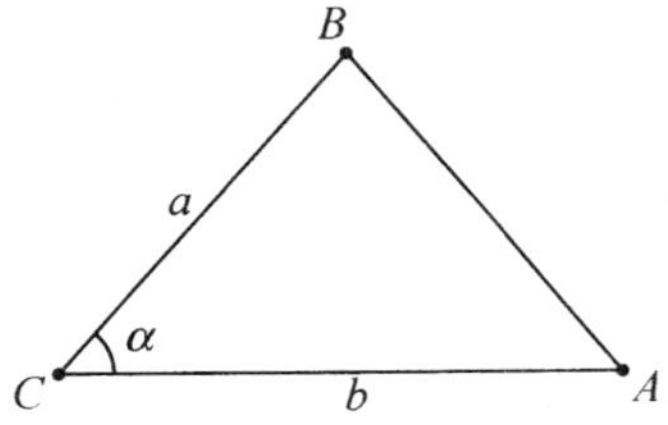

师：（出示图 1 和 2）当 A 角为 $0°$，$180°$，$90°$ 时，它们的面积各为多少？

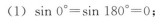

图 8

生：（讨论）它们的面积分别为 0，0，1.

师：我们把这个结论写在黑板上（板书）：

（1）$\sin 0°=\sin 180°=0$；

（2）$\sin 90°=1$；

（3）$\sin\alpha=\sin（180°-\alpha）$；

（4）当 α 为锐角时，α 越大 $\sin\alpha$ 就越大.

从例题解决的情形看，学生们已经很好地掌握了通过"面积"、"折扣"引出的正弦概念，而且，通过面积、折扣容易地得出了正弦的基本性质，尤为重要的是，公式

$$S_{\triangle ABC}=\frac{1}{2}ab\sin\alpha$$

的得出，为三角、几何和代数后续学习做好了重要的铺垫.

（二）课堂练习检验. 检验方式：学生独立完成课堂练习，教师针对性分析. 目的：①进一步巩固；②发现知识掌握的不足；③为整体理解找帮助.

【练习一】

1. 用计算器求值

（1）$\sin 30°$，（2）$\sin 45°$，（3）$\sin 60°$，（4）$\sin 120°$.

2. 边长分别为 2 和 4，一个内角为 $30°$ 的平行四边形 $ABCD$ 的面积是_____.

3. 两边分别为 6 和 5，夹角为 $45°$ 的三角形面积是_____.

4. 在括号内写出和左端不同的角的度数，使等式成立

sin 40°＝sin（　　　），sin 170°＝sin（　　　）.

绝大多数学生都在几分钟内顺利完成，而且回答得很准确．在检查了学生课堂练习后，教师乘势作了新的引申：

【片段四：正弦再认识】

师：请同学们继续研究平行四边形的面积（图 9），点 B 到 AC 的距离是多少？

生：线段 BA.

师：对，那么在图 10 中点 B 到 AD 的距离是多少呢？

生：（很多学生齐声）BC.

师：（继续追问）长方形 $ABCD$ 面积为多少？

生：$BA×AC$.

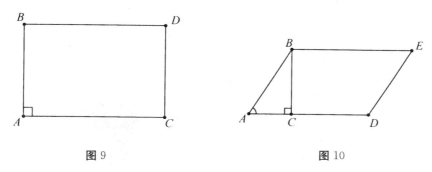

图 9　　　　　　　　　　　　图 10

师：那么平行四边形 $ABED$ 面积是多少呢？

生：$BC×AD$.

师：（继续分析）我们知道从长方形（图 9）变为平行四边形（图 10），面积打的折扣就是 sin A. 而平行四边形的面积为底乘高，当长方形 $ABCD$ 的角 A 发生变化，长方形（图 9）变为平行四边形（图 10）时，它的底有没有变化？

生：（齐声）没有！

师：那么到底是谁打了折扣呢？

生：高！

师：对！就是这个高打了折扣，所以面积变化是由高的变化所引起的，其实就是高打了 $\sin A$ 折，即 $BC=BA\times\sin A$. 师：（继续启发）根据小学学过的折扣的知识，BC 是由 BA 打 $\sin A$ 折得到，那么 $\sin A$ 又可以怎样表示？

生：$\sin A=BC/BA$.

师：（指着图 10）同学们，在直角 $\triangle ABC$ 中看，角 A 的正弦与边的关系是……？

生：$\sin A$ 是角 A 的对边与斜边的比.

然后，教师又让学生拿出含有 $30°$ 角的三角板，通过度量 $30°$ 角所对的直角边与斜边长度，验证

$$\sin 30°=\frac{对边}{斜边}=\frac{1}{2}.$$

于是师生共同得出结论四：在直角三角形 ABC 中，一个锐角 A 的正弦等于这个角的对边与斜边之比.

【练习二】

1. 如图 11，$\triangle ABC$ 中 $\angle C=90°$，$BC=6$，$\sin A=0.6$，求 AB 的长

2. 在第 1 题中如果 $AC=8$，求 $\sin B$.

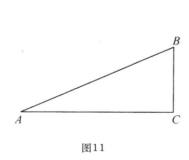

图11　　　　　　　图12

3. 比较大小

（1）$\sin 30°$_____ $\sin 80°$.

（2）$\sin 100°$_____ $\sin 140°$.

4. 两块同样的三角板如图 12 放置，则黑色部分的面积是否相等？为什么？

从练习二的情况看，多数学生对前三个练习解答都比较顺利，对第四小题，

尽管有个别同学能够写出答案，不少同学仍感到困难．但他们在教师的启发、引导下，大多数学生还是很快弄明白，课堂练习顺利完成．

（三）课后了解．目的：了解学生学习兴趣，进一步巩固学习的信心．

下课后，我就近问旁边的同学"正弦是什么？"几个学生抢着说"正弦就是打折"，我又问"今天老师讲的内容能听懂吗？"他们一起回答说"懂"．

三、教 学 反 思

分析"重建三角"的教学过程，结合穿插在教学过程中形成性检验的结果分析，我们可以得出：

1. 用直观的"面积"、"折扣"引入较为抽象的"正弦"概念，能降低教学台阶，学生掌握新概念比较顺利．而且由于抽象概念的形象描述，克服了以往正弦概念教学中从抽象到抽象的弊端．

2. 以"面积"、"折扣"为过渡性概念作铺垫，教学引申比较顺利，变式训练的难度大大降低．学生在学习过程中始终保持浓厚的兴趣，对后续学习产生了强烈的期待，学习的动力被进一步激发．

3. 从数学思维的培养角度分析，"面积"的引入拓展了学生对正弦概念的"形"的思考，而"折扣"的引入又启动了学生的"数"的思维这种全新的课程逻辑体系将有利于学生"数、形"融合，使后续学习的思维空间得到整体的拓展，防止数学整体思维的人为割裂．

综上所述，"面积"和"折扣"并不是本节课教学的目标性概念，而是一个有用的、为引入和理解正弦涵义的形象的过渡性概念．"面积"、"折扣"的引入不但有利于降低学习的台阶、降低教学的难度，更为重要的是，通过这两个过渡性概念的引入，在三角、几何、代数间搭建了一个互相联系的思维通道．我们希望，这一尝试能为"重建三角"的教学探索提供一个教学案例．

参 考 文 献

[1] 张景中. 重建三角, 全盘皆活——初中数学课程结构性改革的一个建议 [J]. 数学教学, 2006 (10): 封二～4.

[2] 张奠宙. 让我们来重新认识三角——兼谈数学教育要在数学上下功夫 [J]. 数学教学, 2006 (10): 5～10.